JN028211

図解による

わかりやすい
流体力学

—— 第2版 ——

中林 功一・山口 健二 共著

森北出版

第 2 版のまえがき

　初版から 12 年ほどが経ちましたが，多くの読者の方々に愛され，ささえられてきましたことに，心から感謝申し上げます．

　これまでに寄せられた読者諸賢のご意見を参考に，一層わかりやすく明確な内容になるように努力させていただきました．また，あらたに追加した節もあります．そして，森北出版のご厚意によりフルカラーにさせていただきましたので，一層見やすくなったことと思います．

　最後に，第 2 版の発行に際して大変お世話になりました森北出版の方々に，心から感謝申し上げます．

2022 年 8 月

著　者

まえがき

　大学の工学系の学部に所属する学生の中に，最近，高等学校で物理学を修得した学生が少なくなってきている．また，高校の数学の理解が不十分であるため，数学を多用する流体力学を苦手とする学生が増えてきている．しかし，数学や物理学が不得意な学生や，中学校レベルの数学でもなかなか理解できない学生にも，流体力学がカリキュラム上必修になっているので，流体力学がわかるように講義する工夫が教師に求められている．

　従来の流体力学の教科書は，解析的な理解力を必要とするような書き方であったので，上述のような学生に対応できる適当な教科書は少ないように思う．そこで本書は，微分や積分の使用を最小限度にし，微積分を使わなくても図をみれば，流体の流れにおける力の関係や，流れの構造などがおおよそ理解できるように，体験による感覚的なものの助けを借り，直感力によって流体力学が理解できるように工夫した．生活や遊びの中で経験している流れ現象を引用し，これをイメージ力で把握できるような教科書を目指した．そのため，説明が多少不正確な箇所があるかもしれないが，全体を把握しやすいようにし，誰にでもわかりやすく，取っ付きやすいものになるよう努めた．内容的には専門領域の幅が狭く，ごく限られた流体力学の領域であるかもしれないが，その分内容は精選したものとなるようにした．

　学生の中には，試験の前に答えを覚えようとする人が多いが，技術者にとっては覚えることは大切ではなく，むしろ考えることが大切である．したがって，内容が正しく理解でき，それについて深く考えさせるものにするため，説明には洞察力を追及し，丁寧に，初心者にも取っ付きやすく，入りやすい内容に工夫した．文章は，できるだけ簡潔で明瞭なものにする努力もした．高校で物理学を学んでこなかった学生や，数学が苦手な学生も，本書で流体力学が好きになり，流体力学の問題に興味をもってもらえるようになれば幸いである．

　最後に，元森北出版の田中節男氏には種々ご意見を賜った．心より感謝申し上げる．

2010 年 2 月

著　者

目次

1章　流体の性質と基礎事項　　1

1.1　国際単位系 (SI)　　1
1.2　密度と比重　　2
1.3　圧力　　3
1.4　粘度とニュートンの粘性法則　　4
1.5　表面張力と毛管現象　　6
演習問題　　8

2章　流体静力学　　9

2.1　絶対圧とゲージ圧　　9
2.2　パスカルの原理　　10
2.3　液体の深さと圧力　　11
2.4　液柱圧力計　　12
2.5　浮力とアルキメデスの原理　　16
2.6　平面壁にはたらく力　　17
2.7　曲面壁にはたらく力　　22
演習問題　　26

3章　流体運動の基礎　　27

3.1　定常流と非定常流　　27
3.2　流線と流管　　27
3.3　流跡線と流脈線　　28
3.4　定常流におけるオイラーの加速度　　29
3.5　内部流れと外部流れ，流れの相似　　30
3.6　流れの相似条件　　30
3.7　レイノルズ数　　32
演習問題　　34

4章　一次元流れ　　35

4.1　連続の式　　35
4.2　理想流体の一次元流れのオイラー運動方程式　　37

4.3 ベルヌーイの定理　38
4.4 速度ヘッド，圧力ヘッド，位置ヘッド　39
4.5 流管の断面積が変化する場合　40
4.6 管の先端が大気に開放されている場合　43
4.7 トリチェリの定理　45
演習問題　46

5章　ベルヌーイの定理の応用　48

5.1 ピトー管　48
5.2 オリフィス，ノズルによる流量測定の原理　49
5.3 ベンチュリ管　53
演習問題　55

6章　運動量の法則とその応用　57

6.1 運動量と力積　57
6.2 運動量の法則　58
6.3 運動量の法則の応用　60
演習問題　65

7章　円管内の流れ　67

7.1 層流の理論　67
7.2 層流から乱流への遷移　74
7.3 円管内流れの損失ヘッド　78
7.4 管路の諸損失　87
演習問題　93

8章　境界層　95

8.1 境界層とは　95
8.2 平板上の境界層について　97
8.3 排除厚さ　101
8.4 運動量厚さ　102
8.5 境界層のはく離　105
演習問題　108

9章　抗力と揚力　110

9.1　物体にはたらく力　110
9.2　摩擦抗力と圧力抗力　113
9.3　円柱周りの流れと抗力係数　115
9.4　球の抗力係数　120
9.5　抗力の計算方法　121
9.6　抗力の低減　122
9.7　揚力　123
演習問題　129

演習問題解答　131
参考文献　148
索引　149

1章 流体の性質と基礎事項

　私たちの周りにみられる物質には，流体と固体がある．固体はその形を維持しているのに対し，流体は，水のように，それを入れた容器の形状に応じて自由に変形する．流体には液体と気体がある．本章では，流体という物質の特性と，それに関する基礎事項について学ぼう．

1.1 国際単位系 (SI)

　流体について説明する前に，本書で使用する単位を整理しておこう．本書では主に**国際単位系 (SI)** を用いる．SI では，長さの単位には**メートル** [m]，質量には**キログラム** [kg]，時間には**秒** [s] を用いる．これらを**基本単位**という．

　SI での面積の単位は，図 1.1 のような長方形の面積を考えればわかるように，（縦の長さ）×（横の長さ）なので，[m^2] になる．

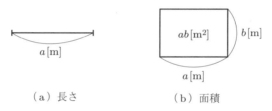

（a）長さ　　　　　　　（b）面積

▶ **図 1.1　面積の組立単位**

　次に，SI での速度と加速度の単位について説明する．流体運動の速度（流速ともいう）を考えるときには，流れの中の流体粒子に注目して，その運動を考える．図 1.2(a) に示すように，点 A にあった流体粒子が 1 秒間に距離 L [m] だけ移動したとすると，速度は 1 秒間の移動距離なので，速度 U は $U = L$ [m]/1 [s] $= L$ [m/s] となる．したがって，SI での速度の単位は [m/s] である．加速度については，図 (b) に示すように，$t = 0$ [s] で点 A にあった速度 U_1 の粒子が 1 秒後に点 B に達し，速度が U_2 になったとすれば，加速度は粒子速度の変化割合であるから，$U_2 - U_1$ [(m/s)/1 s = m/s^2] となる．したがって，SI での加速度の単位は [m/s^2] である．このように，基本単位を組み立ててさまざまな単位を導き出すことができる．これらを**組立単位**という．

　次に，力の単位について考える．力はニュートンの運動方程式から

$$（力）=（質量 [kg]）×（加速度 [m/s^2]） \tag{1.1}$$

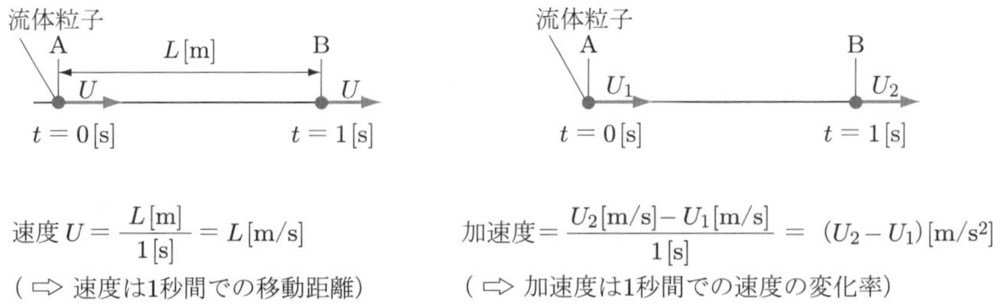

流体粒子
A
L [m]
B
U
U
t = 0 [s]
t = 1 [s]
速度 U = L [m] / 1 [s] = L [m/s]
(⇨ 速度は1秒間での移動距離)
流体粒子
A
B
U1
U2
t = 0 [s]
t = 1 [s]
加速度 = (U2 [m/s] − U1 [m/s]) / 1 [s] = (U2 − U1) [m/s2]
(⇨ 加速度は1秒間での速度の変化率)

（a）速度　　（b）加速度

▶ **図 1.2　速度と加速度の組立単位**

の関係が成り立つので，力の単位は [kg·m/s^2] となる．ここで，1 [kg·m/s^2] = 1 [N] と書き，力の単位は [N]（**ニュートン**）を使う．このように，力も組立単位で表すことができる．

私たちが日常，物体の重さを測るときに使われるキログラムという単位は，工学単位系で [kgf] と書かれる．工学単位系の [kgf] を SI に直すには，次のようにすればよい．

$$1\ [\mathrm{kgf}] = 1\ (\text{質量}\ [\mathrm{kg}]) \times (\text{重力加速度}\ g\ (\fallingdotseq 9.8)\ [\mathrm{m/s^2}])$$
$$= 9.8\ [\mathrm{kg \cdot m/s^2}] = 9.8\ [\mathrm{N}] \tag{1.2}$$

なお，一般的には次式が成り立つ（図 1.3 参照）．

$$\text{重量}\ W\ [\mathrm{kgf}] = \text{質量}\ M\ [\mathrm{kg}] \times \text{重力加速度}\ g\ (\fallingdotseq 9.8)\ [\mathrm{m/s^2}] = Mg\ [\mathrm{N}] \tag{1.3}$$

1.2　密度と比重

単位がわかったところで，流体の密度と比重について考えてみよう．図 1.3 のように，重さのない直方体の容器に液体を満たした状態を考える．この容器の底面の 2 辺

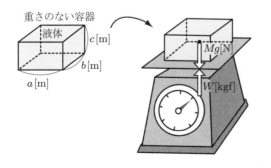

重さのない容器
液体
c [m]
b [m]
a [m]
Mg [N]
W [kgf]
体積 V = abc [m3]
質量 M [kg]
密度 ρ = M/V [kg/m3]
重力 W [kgf] = Mg [N]

▶ **図 1.3　密度の組立単位**

の長さが a [m] と b [m]，高さが c [m] とすると，この液体の体積は $V = abc$ [m³] になる．いま，この直方体容器内の流体の質量を M [kg] とすると，単位体積あたりの質量を**密度**といい，その密度 ρ（ロー）は，次のように求められる．

$$\rho = \frac{M \,[\mathrm{kg}]}{V \,[\mathrm{m}^3]} = \frac{M}{V} \,[\mathrm{kg/m^3}] \tag{1.4}$$

液体の体積と質量がわかっているときには，式 (1.4) の関係を用いればよい．たとえば，体積が $1\,\mathrm{cm}^3$ の水は，標準気圧で $4°\mathrm{C}$ のとき，その質量が $1\,\mathrm{g}$ であることが一般に知られている．したがって，$1\,\mathrm{m}^3$ の水の質量は，その体積が $1000000\,\mathrm{cm}^3$ であるから，1000000 [g] $= 1000$ [kg] になる．ゆえに，式 (1.4) から，水の密度 ρ_w は $\rho_\mathrm{w} = 1000$ [kg]$/1$ [m³] $= 1000$ [kg/m³] となることがわかる．

水以外の液体に対しては，**比重**という言葉が用いられることが多い．比重とは，その液体の密度 ρ と，水の密度 ρ_w との比 ρ/ρ_w のことである．たとえば，水銀の比重が 13.6 と示されていれば，水銀の密度 ρ_H は水の密度 ρ_w の 13.6 倍，すなわち $\rho_\mathrm{H} = 13.6\rho_\mathrm{w} = 13600$ [kg/m³] である．

1.3 圧力

流体にはたらく力を考えるとき，**圧力**という概念が大切である．詳しくは第 2 章で述べるが，本節では，圧力というのはどのようなものかについて概略を考えてみよう．

図 1.4 に示すように，物体①の上に重さのない物体②が置かれており，互いに接する平面が完全に平らで，その面積が A [m²] であるとしよう．単位面積あたりにはたらく力を応力というが，物体①と物体②を力 F [N] で図のように互いに押しあわせると，物体①の上面には上から下に向かう垂直応力 F/A が，また物体②の下面には下から上に向かう同じ大きさの垂直応力が生じることがわかるだろう．このような垂直応力を流体の場合には圧力といい，第 2 章で述べるように，圧力はあらゆる方向に同じ大きさで作用する．この圧力を普通 p と表し，その単位として SI では [Pa]（**パス**

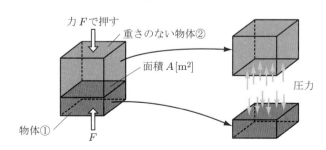

力 F で押す
重さのない物体②
面積 A[m²]
圧力
物体①
F

▶ **図1.4　圧力の概念**

カル）を使う．したがって，圧力 p の単位 [Pa] には，次式のような関係がある．

$$p = \frac{F\,[\mathrm{N}]}{A\,[\mathrm{m}^2]} = \frac{F}{A}\,[\mathrm{N/m}^2] = \frac{F}{A}\,[\mathrm{Pa}] \tag{1.5}$$

ゆえに，$[\mathrm{Pa}] = [\mathrm{N/m}^2]$ である．

1.4 粘度とニュートンの粘性法則

　流体が流れるときの特性は，流体の**粘度**によって異なる．粘度は感覚的には「粘っこさ」を表し，水あめのようにドロッとしたものは粘度が大きく，水のようにサラッとしたものは粘度が小さい．粘度の特性は，流体が静止しているときには現れないが，流体が流れているときには現れる．本節では，粘度はどのように決められるのか，また粘度を用いて表すことができる流体の流れの法則について説明する．

　図 1.5 のように，重さのない平板と床（静止壁）との間に液体を満たして，平板をゆっくりと水平方向に動かしてみよう．いま，平板と床の隙間を h，平板の移動速度を U，平板に水平方向に加える力を F とする．固体の場合には，材料力学で扱われているように，固体のある断面にはたらく応力として，**垂直応力**と**せん断応力**とがある．流体の場合もこれと同様で，流体の微小要素の面上にはたらく応力として，前節で説明した圧力と，その面に平行に作用するせん断応力とが考えられる．固体との著しい相違点は，流体の場合には，流体が流れなければせん断応力が発生しない点である．せん断応力と平板に加える力との関係は，平板の面積 A，せん断応力 τ（タウ）とすると，

$$F = A\tau \tag{1.6}$$

で与えられる．したがって，せん断応力 τ は次式のように，圧力と同じ単位をもつ．

$$\tau = \frac{F\,[\mathrm{N}]}{A\,[\mathrm{m}^2]} = \frac{F}{A}\,[\mathrm{N/m}^2] = \frac{F}{A}\,[\mathrm{Pa}] \tag{1.7}$$

　液体には壁面にくっつく粘着性があるので，平板を移動しても，静止壁に接する薄い流体層は静止している．一方で，平板（移動壁）に接する流体層は，平板の速度 U

▶ **図 1.5　液体表面に浮かべた平板の移動**

で移動する．その様子を図1.6(a) に示す．静止壁と移動壁の中間にある流体層は，図のように徐々にずれていき，ちょうどトランプのカードを積み重ねてずらしていくときのように，それぞれの層が平行にずれる（**ずり運動**という）．板に接する流体層は板と同じ速度をもち，互いにずり運動をしていくのである．したがって，図(b) のように，平板と床の間の液体には直線状の速度の分布が生じる．静止壁と移動壁間のこのような流れを**クエット流れ**という．クエット流れの特徴は，流れの中にせん断応力だけが発生していて，圧力が流れの中で一定値であることである．一般的に，流れには後述のように層流と乱流とがあるが，上述の内容は層流の場合を扱っている．このような流れは**層流クエット流れ**という．

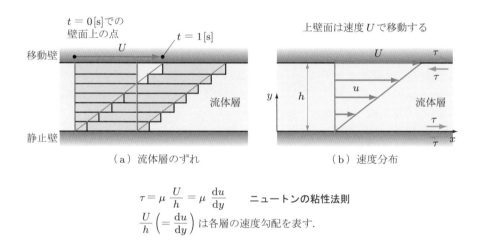

（a）流体層のずれ　　　　　　　　（b）速度分布

$$\tau = \mu\, \frac{U}{h} = \mu\, \frac{\mathrm{d}u}{\mathrm{d}y} \qquad \text{ニュートンの粘性法則}$$

$\dfrac{U}{h}\left(= \dfrac{\mathrm{d}u}{\mathrm{d}y}\right)$ は各層の速度勾配を表す．

▶**図1.6　クエット流れにみられるずり運動とニュートンの粘性法則**

図1.6(b) にみられる速度の分布の傾きを**速度勾配**といい，層流では U/h で与えられる．1.1 節で述べたように，速度 U は流体粒子が1秒間に移動する距離なので，単位も含めれば U [m/s] と書ける．ゆえに，速度勾配は U [m/s]/h [m] = U/h [1/s] になる．層流では流体の各層がゆっくりとずれながら移動していく．静止壁面上に x 軸，これに垂直に y 軸をとり，流速を u とすれば，流れが層流のとき，せん断応力 τ と速度勾配 $\mathrm{d}u/\mathrm{d}y$ の間には，次式の関係が成立する．

$$\tau = \mu\frac{\mathrm{d}u}{\mathrm{d}y} \tag{1.8}$$

ここで，μ（ミュー）は**粘度**といい，温度が一定であれば一定値を示す流体固有の物性値である．

ニュートン (Isaac Newton, 1642–1727) は，上記のような方法で，板に加える平行な力 F と速度 U を変化させて，粘度を測定した．式 (1.8) の関係式を**ニュートンの粘性法則**という．流体の種類はいろいろあって，式 (1.8) が適用できない流体もあるが，水，空気，グリセリン水溶液など，私たちが日常よく使用する流体では，式 (1.8) の関係が成立する．このような流体を**ニュートン流体**という．本書ではニュートン流体のみを扱う．図 1.6 の場合における速度勾配が $du/dy = U/h$ なので，粘度 μ の単位 [Pa·s] は，式 (1.8) から次式のように導出できる．

$$\mu = \frac{\tau \ [\text{Pa}]}{U/h \ [1/\text{s}]} = \frac{\tau h}{U} \ [\text{Pa·s}] \tag{1.9}$$

なお，ニュートンの粘性法則に従わない流体を**非ニュートン流体**という．

例題 ● 1.1

図 1.5 のような静止壁面の上に平板が置かれ，その間に水の薄い層がある．板の面積が $A = 1 \ [\text{m}^2]$，水の温度が 20°C で，板と壁面間の層の厚さが $h = 1 \ [\text{mm}]$ であるとする．平板が $U = 1 \ [\text{m/s}]$ で滑るために，平板に加えるべき力 F はいくらか．ただし，20°C の水の粘度は $\mu = 1.002 \times 10^{-3} \ [\text{Pa·s}]$ とする．

解答 --- 式 (1.6) に式 (1.8) を代入し，$du/dy = U/h$ であることを考慮して，μ，A，U，h にそれぞれの値を入れて計算すると，次のように力 F が求められる．ここで，$1 \ [\text{mm}] = 1/1000 \ [\text{m}] = 10^{-3} \ [\text{m}]$ である．

$$F = \frac{\mu A U}{h} = \frac{1.002 \times 10^{-3} \ [\text{Pa·s}] \times 1 \ [\text{m}^2] \times 1 \ [\text{m/s}]}{1 \ [\text{mm}]}$$
$$= 1.002 \ [(\text{N/m}^2)(\text{s})(\text{m}^2)(\text{m/s})(1/\text{m})] = 1.002 \ [\text{N}]$$

したがって，この平板が運動し続けるためには，約 1 N の力が必要であることがわかる．

1.5 ▷ 表面張力と毛管現象

気体に接する液体の自由表面には，分子間の力により縮まろうとする**凝集力**がはたらく．葉っぱの上の水滴が球状に丸くなるのは，葉っぱの表面において，凝集力の効果が強いからである．一方，固体に接する液体には，固体壁面に引き寄せられる**付着力**がはたらく．水中に細いガラス管を立てた場合を考えると，液体の凝集力と付着力の大小関係で，管内の水面が上昇するか，下降するかが決まる．付着力が凝集力より強ければ，図 1.7(a) に示すようにガラス管内の水面が上昇する．この現象を**毛管現象**という．水の毛管現象によって上昇する水面の高さは，表面張力による上向きの力と水の重さとのつり合いから求められる．**表面張力** σ（シグマ）の大きさは，界面の単

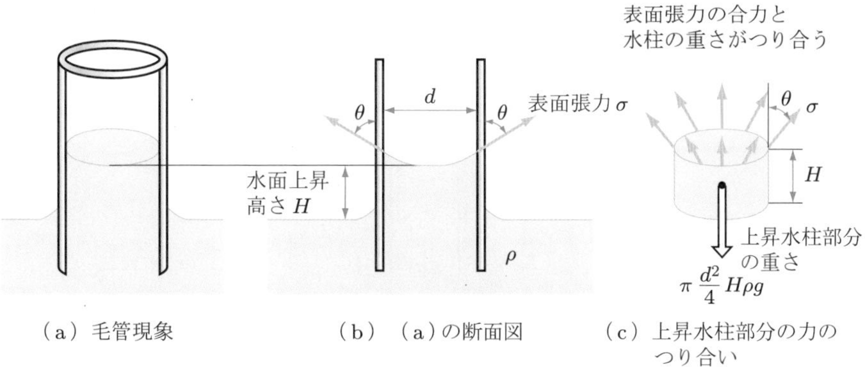

（a）毛管現象　　　　　（b）（a）の断面図　　　（c）上昇水柱部分の力の
　　　　　　　　　　　　　　　　　　　　　　　　　　　つり合い

▶ **図1.7　表面張力による毛管現象**

位長さ [m] あたりの張力 [N] で表すので，単位は [N/m] で表される.

　図 1.7(b) は，図 (a) の断面図である．表面張力による水面の上昇高さを H とする.
また，図 (c) に示すように，表面張力がガラスと水が接触する円周上に作用し，その
接触角は図 (b) にみられるように，ガラス管表面と θ（シータ）の角度をなすとしよ
う．そうすると，表面張力により水が鉛直上方へ引っ張り上げられる力と，引っ張り
上げられた水の重量とがつり合って水が静止するので，次式が成立する.

$$\pi d\sigma \cos\theta = \pi \frac{d^2}{4} H\rho g$$

$$\therefore \ H = \frac{4\sigma \cos\theta}{\rho g d} \tag{1.10}$$

ここで，d はガラス管の直径，ρ は水の密度である．式 (1.10) は，表面張力により水
面が上昇する高さ H を与える式である.

例題 ● 1.2

　幅の広い 2 枚のガラス板が，隙間 $t = 0.2$ [mm] で，互いに平行で鉛直に置かれている．こ
のとき，液体の比重を $s = 1.60$，表面張力を $\sigma = 42.5 \times 10^{-3}$ [N/m]，接触角を $\theta = 60°$ と
すれば，液面の上昇高さ h はいくらか.

解答 --- 　問題を図示すると，図 1.8 のようになる．板の幅が広いので，ここでは板の
単位幅について液体にはたらく力のつり合いを考えてみよう．表面張力により上昇する液体
の体積は $1 \times t \times h$ である．水の密度を ρ_w とし，比重を s とすれば，この液体の密度は $\rho_\mathrm{w}s$
で与えられる.

　液体を上方に引っ張る表面張力による力は，$2\sigma \times 1 \times \cos\theta$ になる．この力と液体の重さ
$(1 \times t \times h)\rho_\mathrm{w}sg$ がつり合うので，次式が成り立つ.

$$(1 \times t \times h)\rho_\mathrm{w}sg = 2\sigma \times 1 \times \cos\theta$$

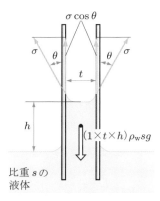

▶ 図1.8 平行平板間の毛管現象

$$\therefore\ h = \frac{2\sigma\cos\theta}{\rho_{\mathrm{w}}sgt}$$

上式にそれぞれの数値を代入すれば，答えが求められる．

$$h = \frac{2 \times 42.5 \times 10^{-3}\ [\mathrm{N/m}] \times \cos 60^\circ}{1000\ [\mathrm{kg/m^3}] \times 1.60 \times 9.8\ [\mathrm{m/s^2}] \times 0.2 \times 10^{-3}\ [\mathrm{m}]}$$
$$= 13.55 \times 10^{-3}\ [\mathrm{m}] = 13.6\ [\mathrm{mm}]$$

- -

===== 演習問題 =====

1.1　はかりで重さをはかったら，5 kgf であった．SI ではいくらか．

1.2　圧力 20 kgf/m^2 は SI ではいくらか．

1.3　液体 1 L の重さをはかりではかったら，5 kgf であった．この液体の密度はいくらか．

1.4　図 1.5 のような静止壁の上に潤滑油が注がれ，その上に質量が無視できる軽い平板が置かれている．油膜の厚さが 0.1 mm で，平板の面積が 1 m^2 とする．このとき平板を 1 m/s の一定の速さで引っ張るためにはどれくらいの力が必要か．ただし，潤滑油の粘度を 0.05 Pa·s とする．

1.5　シャボン玉の直径が 30 mm，内部の圧力が外部の圧力より 9.35 Pa だけ大きいとき，シャボン液の表面張力はいくらか．

1.6　20°C の水中に内径 $d = 0.8$ [mm] のガラス管を鉛直に立てたとき，毛管現象によってガラス管内の水が上昇する高さ H を求めよ．ただし，20°C の水の密度は $\rho = 998.2$ [kg/m^3]，空気と境界を接するときの水の表面張力は $\sigma = 72.8 \times 10^{-3}$ [N/m]，接触角は $\theta = 0^\circ$，重力加速度は $g = 9.81$ [m/s^2] とする．

1.7　20°C の水銀中に内径 $d = 0.8$ [mm] のガラス管を鉛直に立てたとき，毛管現象によってガラス管内の水銀が降下する高さ H を求めよ．ただし，20°C の水銀の密度は $\rho = 13.55 \times 10^3$ [kg/m^3]，空気と境界を接するときの水銀の表面張力は $\sigma = 476 \times 10^{-3}$ [N/m]，接触角は $\theta = 135^\circ$，重力加速度は $g = 9.81$ [m/s^2] とする．

2章 流体静力学

　潜水士が水中深くで長時間作業していると潜水病になるのは，水中深くでは水圧が大きいからである．また，地上から上空高く昇っていくと気圧が下がり，富士山の頂上では 80°C ぐらいで湯が沸騰する．このように，静止している流体の層の下方へいくほど圧力が増大し，上方へいくほど圧力が減少する．これは，流体層の深さ（または高さ）と流体の密度と重力との関係からわかることである．

　本章では静止している流体の力のつり合いを考え，水中の深さと圧力との関係や，水圧によって壁が受ける力などを計算する方法を学ぼう．

2.1 絶対圧とゲージ圧

　自転車のタイヤの空気圧は大気の圧力（大気圧）よりも大きいが，密閉された容器内の空気を真空ポンプで吸引したときのように，圧力が大気圧よりも小さくなる場合もある．このような場合，真空という言葉が使われるが，これは厳密な表現ではない．圧力について正確にいい表すために，まず，絶対圧とゲージ圧という言葉を理解しておかなければならない．

　1.3 節で説明したように，圧力の単位は**パスカル** $[\mathrm{Pa}]$ $(= [\mathrm{N/m^2}])$ が用いられる．また，圧力の表し方には，次の二つがある（図 2.1 参照）．

　絶対圧　：完全な真空状態からの圧力を基準とする圧力．

　ゲージ圧：測定時の大気圧を基準とする圧力．

　測定時における圧力が，そのときの大気圧 p_a よりも大きい場合には，ゲージ圧が正の値になる．一方，小さい場合にはゲージ圧が負の値になる．真空の度合いが増せば，負のゲージ圧の値が増大する．また，完全真空の状態は絶対圧が 0 である．

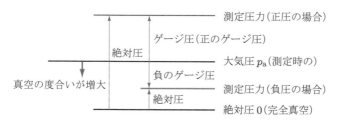

▶ **図 2.1　絶対圧とゲージ圧**

2.2 パスカルの原理

圧力はあらゆる方向に同じように作用するので，密閉容器中の液体に加えた圧力はあらゆる方向に，そのままの大きさで伝わる．これを**パスカルの原理**という．図 2.2 は，パスカルの原理を応用した油圧ジャッキである．シリンダー A とシリンダー B は油圧ホースで結ばれ，その中に油が満たされている．シリンダー A のピストンの直径 d_1 は，シリンダー B のピストンの直径 d_2 と比べて小さい．シリンダー A とシリンダー B の圧力は，パスカルの原理からわかるように両者が等しいので，次式が得られる．

$$\text{圧力 } p = \frac{\text{力 } F}{\text{面積 } A_1} = \frac{F}{\pi d_1{}^2/4} = \frac{\text{力 } W}{\text{面積 } A_2} = \frac{W}{\pi d_2{}^2/4}$$

$$\therefore \ \frac{F}{d_1{}^2} = \frac{W}{d_2{}^2}$$

$$\therefore \ W = \left(\frac{d_2}{d_1}\right)^2 F \tag{2.1}$$

したがって，F が小さくても d_2/d_1 の値が大きければ，W が大きくなり，わずかな力で重い物体を持ち上げることができる．これが油圧ジャッキの原理である．

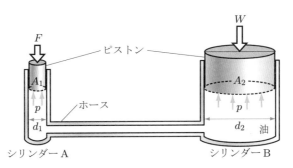

▶図 2.2　油圧ジャッキのしくみ

例題 ● 2.1

1 t の物体を 1 kgf の力で持ち上げたい．シリンダー A のピストンの直径 d_1 と，シリンダー B のピストンの直径 d_2 の比をいくらにすればよいか．

解答 --- 式 (2.1) と 1 [t] = 1000 [kgf] より，次のように求められる．

$$\frac{d_2}{d_1} = \sqrt{\frac{W}{F}} = \sqrt{\frac{1000 \ [\text{kgf}]}{1 \ [\text{kgf}]}} = \sqrt{1000} = 31.6$$

本節では，水中における深さと水圧（圧力）との関係について考えてみよう．

図 2.3 に示すように，x 軸と y 軸を水平面上にとり，鉛直下向きに z 軸をとる．任意の深さの位置にある水平方向の微小断面積 $\mathrm{d}A$，長さ L の，同じ水で構成されている円柱（図中左）を取り出し，この円柱に作用する水平方向の力のつり合いを考えると，次式が成立する．

$$p_1\,\mathrm{d}A = p_2\,\mathrm{d}A$$

$$\therefore\ p_1 = p_2 \tag{2.2}$$

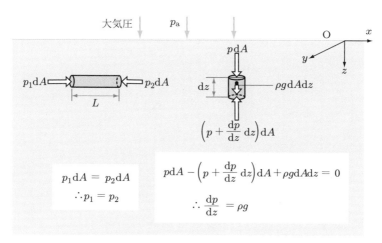

▶ 図 2.3　水中における水平方向の圧力と鉛直方向の圧力

式 (2.2) は，水で構成された円柱端面にはたらく圧力が同じ大きさ，すなわち圧力が水平方向に一定値であることを示している．したがって，圧力 p は水平方向座標 x と y には無関係で，鉛直方向座標 z のみの関数 $p(z)$ で与えられることがわかる．

次に，図中右に示すように，水で構成されている鉛直方向の長さ $\mathrm{d}z$ の微小円柱を取り出し，鉛直方向の力のつり合いを考えてみよう．圧力は面に垂直に作用するので，円柱上面を下向きに押す力は $p\,\mathrm{d}A$，円柱下面を上方に押す力は $[p + (\mathrm{d}p/\mathrm{d}z)\,\mathrm{d}z]\,\mathrm{d}A$ である．この微小円柱の重さ $\rho g\,\mathrm{d}A\,\mathrm{d}z$ が鉛直下方にはたらくので，いま鉛直下方にはたらく力を正にとれば，これらの力のつり合いから次式が得られる．

$$p\,\mathrm{d}A - \left(p + \frac{\mathrm{d}p}{\mathrm{d}z}\,\mathrm{d}z\right)\mathrm{d}A + \rho g\,\mathrm{d}A\,\mathrm{d}z = 0$$

$$\therefore\ \frac{\mathrm{d}p}{\mathrm{d}z} = \rho g \tag{2.3}$$

式 (2.3) から，鉛直方向の圧力勾配が ρg に等しいことがわかる．この式を $\mathrm{d}p = \rho g \, \mathrm{d}z$ と変形して水面から水深 h まで積分すれば，次式が得られる．

$$p = p_\mathrm{a} + \rho g h \tag{2.4}$$

ここで，p_a は水面にはたらく大気圧である．

図 2.4 に示すように，式 (2.4) は，水中の単位断面積（断面積が 1）の円柱にはたらく力のつり合いを考えることによって，簡単に求めることができる．すなわち，水中における水深 h の単位断面積の円柱にはたらく下向きの力は，大気圧 p_a と，円柱の水の重量 $\rho g h$ である．水深 h における圧力 p は，単位断面積の円柱の下面を上方へ押す力なので，これが上述の下向きの力とつり合っていなければならない．したがって，円柱が静止状態を保つためには，圧力 p と $p_\mathrm{a} + \rho g h$ が等しくなければならない．このように考えれば，式 (2.4) を覚えておかなくても簡単に導き出すことができる．

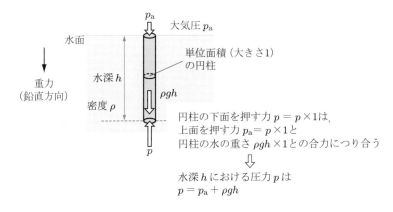

▶ 図 2.4　水深と水圧の関係

2.4　液柱圧力計

液柱圧力計は，液柱の高さによって圧力を測定する計器である．液柱圧力計のうちでもっとも簡単なものは，**ピエゾメータ**である．図 2.5 に，円管内を流れる液体の静圧をピエゾメータで測定している様子を示す．円管壁には静圧孔とよばれる穴が開けられ，それと鉛直に置かれたガラス管をつなぐと，液体はガラス管内を上昇し，高さ H の位置で静止する．液柱の高さ H を測定すれば，管内の静圧 p_0 が測定できる．ガラス管の上方が開放されているので，そこには大気圧 p_a が作用している．液体の密度を ρ とすれば，底面積が 1 で高さが H の液柱の重さが $\rho g H$ なので，次式から静圧 p_0 が計算できる．

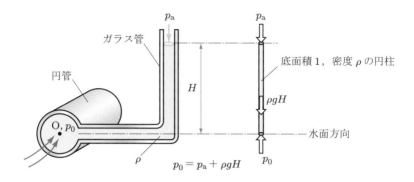

▶ 図 2.5　ピエゾメータの測定原理

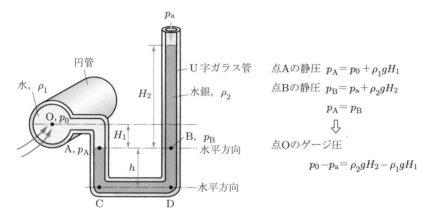

点Aの静圧　$p_A = p_0 + \rho_1 g H_1$
点Bの静圧　$p_B = p_a + \rho_2 g H_2$

$$p_A = p_B$$

⇩

点Oのゲージ圧

$$p_0 - p_a = \rho_2 g H_2 - \rho_1 g H_1$$

▶ 図 2.6　U 字管マノメータの測定原理

$$p_0 = p_a + \rho g H \tag{2.5}$$

　図 2.6 に，**U 字管マノメータ**の測定原理を示す．管内の静圧が大きい場合，U 字管内には水銀などの密度の大きい液体を入れて使用する．また，気体が流れている場合には水やアルコールなどの液体が使用される．円管内を流れている液体または気体の密度を ρ_1，U 字管内の液体の密度を ρ_2 とし，図中に示す液柱の高さをそれぞれ H_1，H_2 とする．いま，円管内を水が流れており，U 字管内には水銀が入れられているとしよう．水と水銀との境界面上に点 A をとり，U 字管の反対側で点 A と同じ高さにある点を点 B とする．また，U 字管の底に水平方向にとった 2 点を点 C と点 D としよう．円管内の静圧 p_0 と点 A の静圧 p_A の間には，式 (2.4) より次式が成り立つことがわかる．

$$p_A = p_0 + \rho_1 g H_1 \tag{2.6}$$

また，点 A と点 B は水平方向の位置にあるので，

$$p_A = p_B \tag{2.7}$$

の関係がある．なぜなら，点Cと点Dは互いに水平方向の位置にあるので，両者の位置における圧力が等しく，点Cから点Aの液柱と点Dから点Bの液柱は，同じ液体で高さも等しいからである．

　点Bの圧力 p_B は

$$p_B = p_a + \rho_2 g H_2 \tag{2.8}$$

で与えられるので，式 (2.6) と (2.8) を式 (2.7) に代入すると，次式が得られる．

$$p_0 + \rho_1 g H_1 = p_a + \rho_2 g H_2$$

ゆえに，点Oのゲージ圧 $p_0 - p_a$ は次式で与えられる．

$$p_0 - p_a = \rho_2 g H_2 - \rho_1 g H_1 \tag{2.9}$$

　図 2.7 に，**示差圧力計**の原理を示す．示差圧力計は，2箇所の圧力の差を測定するものである．この二つの円管内には，密度 ρ_1 と ρ_3 の流体が別々に流れている．点Aと点BはU字管の底から同じ高さに位置し，水平方向の位置にあるので，2点の圧力は等しくなり，ここでも式 (2.7) の関係が成立する．円管内の静圧 p_{01} と点Aの静圧 p_A の間には

$$p_A = p_{01} + \rho_1 g H_1 \tag{2.10}$$

の関係が成り立ち，もう一方の円管内の静圧 p_{02} と点Cの静圧 p_C の間には，次式の関係が成り立つ．

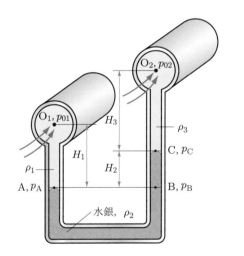

点Aの静圧 $p_A = p_{01} + \rho_1 g H_1$
点Bの静圧 $p_B = p_C + \rho_2 g H_2$
点Cの静圧 $p_C = p_{02} + \rho_3 g H_3$

$$p_A = p_B$$

⇩

O_1 と O_2 のゲージ圧の差

$$p_{01} - p_{02} = \rho_3 g H_3 + \rho_2 g H_2 - \rho_1 g H_1$$

▶ **図 2.7　示差圧力計の測定原理**

$$p_C = p_{02} + \rho_3 g H_3 \tag{2.11}$$

また，点 B の圧力 p_B と p_C の間には

$$p_B = p_C + \rho_2 g H_2 \tag{2.12}$$

の関係が成立する．式 (2.10) と式 (2.12) を式 (2.7) に代入し，式 (2.11) を用いれば，差圧 $p_{01} - p_{02}$ が次のように求められる．

$$p_{01} + \rho_1 g H_1 = p_{02} + \rho_3 g H_3 + \rho_2 g H_2$$

$$\therefore\ p_{01} - p_{02} = \rho_3 g H_3 + \rho_2 g H_2 - \rho_1 g H_1 \tag{2.13}$$

例題 ● 2.2

図 2.8 に示すように，水銀を入れた U 字管の片方に，水柱で 10 cm の高さだけ水を入れたとき，水銀柱の高さの差がいくらになるか．ただし，水銀の比重は 13.6 とする．ここで，空気の密度は水や水銀に比べて小さいので，無視できるとする．

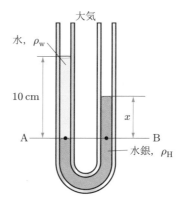

▶ **図 2.8　水銀 U 字管**

解答 --- 水の密度を ρ_w とすれば，水銀の密度は $\rho_H = 13.6\rho_w$ で与えられる．いま水銀柱の高さの差を x とすると，水平方向の 2 点の点 A と点 B の圧力が等しいので，次式が成立する．

$$\rho_w g \times 0.1\ [\mathrm{m}] = \rho_H g \times x$$

$$\therefore\ x = \frac{\rho_w \times 0.1\ [\mathrm{m}]}{13.6\rho_w} = \frac{100\ [\mathrm{mm}]}{13.6} = 7.35\ [\mathrm{mm}]$$

したがって，水銀柱の高さの差は 7.35 mm になる．

2.5 ▶ 浮力とアルキメデスの原理

水面に浮かんでいる物体や水中の物体には，その物体が排除した水の重さに等しい**浮力**（鉛直上向きの力）が生じる．これを**アルキメデスの原理**という．図 2.9(a) に示すように，水面から水深 H におかれた底面積 A で，高さ h の直方体物体に作用する力を考えてみよう．水平方向には，水圧による力がつり合っている．一方，鉛直方向には，直方体の上面には水圧 $\rho g H$ が作用し，下面には水圧 $\rho g(H+h)$ が作用する．上向きの力を正，下向きの力を負にとり，物体の重さを W とすれば，物体にはたらく力は次式で与えられる．

$$\rho g A(H+h) - \rho g A H - W = -(W - \rho g A h) \tag{2.14}$$

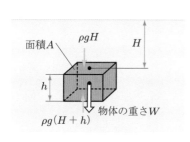
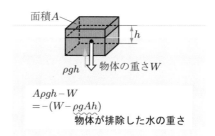

（a）水中の物体　　　　　（b）水面に浮かんでいる物体

▶図 2.9　アルキメデスの原理

上式右辺のカッコ内第 2 項 $\rho g A h$ は，その物体が排除した水の重さに等しい．ゆえに水中の物体は，排除した水の重さに等しい上向きの力（浮力）を受けることがわかる．

水面に浮かんでいる物体についても同様で，水面下の部分の高さを h とすれば，図 2.9(b) にみられるように物体の下面からは水圧によって上向きに $\rho g A h$ の力を受ける．この力は，物体が排除した水の重さに等しい．

例題 ● 2.3

図 2.10 に示すように，底面積 A，高さ h の直方体で，重さが W の物体を水中に沈め，それをはかりで測定した．はかりで測定される，水中における物体の重さはいくらか．

解答　‒‒‒　はかりで測定される重さを F とする．この力は物体を上方に引っ張る力に等しい．重さ W が下方にはたらき，浮力 $\rho g h A$ が上方にはたらくので，力のつり合いから次式が得られる．

$$F - W + \rho g h A = 0$$

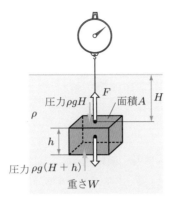

▶図2.10　水中における物体の重さ

$$\therefore F = W - \rho g h A \tag{1}$$

式 (1) は，水中での重さが実際の重さより浮力分だけ軽くなることを表している.

2.6 ▷ 平面壁にはたらく力

2.6.1 ▷▷ 全圧力

図 2.11 にみられるように，水を貯えた貯水槽の傾斜壁面の一部に平板がはめられている．傾斜壁面は水面と角度 θ をなしている．水面と傾斜壁面との交線を x 軸，傾斜壁面に沿って x 軸に垂直に z 軸をとる．水面からの深さを z' とすれば，z' と z との間に次式の関係が成立する.

$$z' = z \sin \theta \tag{2.15}$$

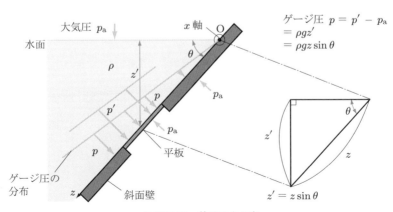

▶図2.11　静圧による力

深さ z' における圧力 p' は,

$$p' = p_\mathrm{a} + \rho g z' \tag{2.16}$$

で与えられる.液体側からは,この圧力で平板が押されるが,平板の反対側が大気に接しているので,大気圧で平板が反対方向に押され,差し引き次式で与えられるゲージ圧 p が平板に作用することになる.

$$p = p' - p_\mathrm{a} = \rho g z' = \rho g z \sin\theta \tag{2.17}$$

図 2.12 は,x 軸を z 軸周りに $90°$ 回転させて,傾斜壁面上の平板を図 2.11 の紙面と同一の平面上に描いて示した図である.この平板上の微小面積要素を $\mathrm{d}A$ とすると,これにはたらく力 $\mathrm{d}F$ が次式で与えられる.

$$\mathrm{d}F = p\,\mathrm{d}A = \rho g z \sin\theta\,\mathrm{d}A \tag{2.18}$$

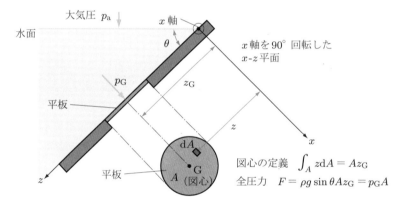

▶ 図 2.12　平板の図心と全圧力

したがって,式 (2.18) を平板の全面積 A に対して積分すると,**全圧力** F は次のように求められる.

$$F = \int_A p\,\mathrm{d}A = \int_A \rho g z \sin\theta\,\mathrm{d}A = \rho g \sin\theta \int_A z\,\mathrm{d}A \tag{2.19}$$

平板の図心を G とし,図心の z 座標を z_G とすると,

$$\int_A z\,\mathrm{d}A = A z_\mathrm{G} \tag{2.20}$$

なので,式 (2.19) は

$$F = \rho g \sin\theta A z_\mathrm{G} = p_\mathrm{G} A \tag{2.21}$$

で与えられることになる.ここで,$p_\mathrm{G} = \rho g z_\mathrm{G} \sin\theta$ は図心に作用するゲージ圧である.

以上より，平板にはたらく全圧力は，図心に作用するゲージ圧を求め，それに面積をかければ求められることがわかる．

2.6.2 ▶▶ 全圧力の着力点

次に，全圧力の**着力点**を求めてみよう．この着力点を**圧力の中心**というが，この位置を図 2.13 に示すように C とし，この点の z 座標を z_C とする．z_C は x 軸周りの力のモーメント（＝力 × 軸から力の作用点までの距離）から求められる．平板の微小面積要素にはたらく力 $\mathrm{d}F$ のモーメントは $z\,\mathrm{d}F$ なので，平板全体では式 (2.18) を用いて

$$\int_A z\,\mathrm{d}F = \int_A zp\,\mathrm{d}A = \int_A \rho g z^2 \sin\theta\,\mathrm{d}A = \rho g \sin\theta \int_A z^2\,\mathrm{d}A \tag{2.22}$$

と求められる．この値が式 (2.21) から得られる F と z_C とのモーメントに等しいので，

$$F z_C = \rho g \sin\theta \int_A z^2\,\mathrm{d}A \tag{2.23}$$

が成立する．ここで，$\int_A z^2\,\mathrm{d}A$ は考えている図形の x 軸周りの断面二次モーメントで，I_x と書かれる．したがって，式 (2.21)，(2.23) と $I_x = \int_A z^2\,\mathrm{d}A$ を用いて z_C を求めれば，次式が得られる．

$$z_C = \frac{\rho g \sin\theta I_x}{\rho g \sin\theta A z_G} = \frac{I_x}{A z_G} \tag{2.24}$$

図 2.14 に示すように，I_x を図心 G を通り x 軸に平行な軸周りの断面二次モーメント $I_G = \int_A z_1{}^2\,\mathrm{d}A$ を用いて書くと，平行軸の定理から $I_x = A z_G{}^2 + I_G$ で与えられる[1]．したがって，式 (2.24) は次式となる．

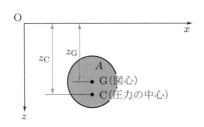

▶ 図 2.13　平板の圧力の中心（x-z 平面上）

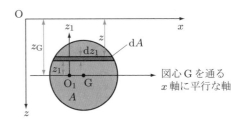

▶ 図 2.14　平板の断面二次モーメント

1) 平行軸の定理 $z = z_G - z_1$ なので，I_x は次のように計算できる．

$$I_x = \int_A z^2\,\mathrm{d}A = \int_A (z_G - z_1)^2\,\mathrm{d}A = \int_A (z_G{}^2 - 2z_G z_1 + z_1{}^2)\,\mathrm{d}A = z_G{}^2 \int_A \mathrm{d}A - 2z_G \int_A z_1\,\mathrm{d}A + \int_A z_1{}^2\,\mathrm{d}A$$

$$= z_G{}^2 A + \int_A z_1{}^2\,\mathrm{d}A = A z_G{}^2 + I_G$$

$$z_C = z_G + \frac{I_G}{Az_G} \tag{2.25}$$

すなわち，圧力の中心（着力点）は図心の位置よりさらに z 方向に $I_G/(Az_G)$ だけ深いところにあることがわかる．

例題 ● 2.4

図2.15に示すように，高さが1 m で幅が2 m の水門扉が水路に設けられている．水深が0.6 m であるとして，この水門扉にはたらく全圧力と圧力の中心を求めよ．

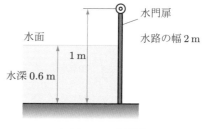

水門扉

水面

1 m

水深 0.6 m

水路の幅 2 m

▶ **図2.15 水門扉**

解答 - - - 数値を入れて計算する前に，水路の水深を H とし，水門扉の単位幅あたりについて，図2.16に示す図心と圧力の中心（着力点）の位置を文字式で求めてみよう．図心の位置 z_G は，式(2.20)を変形して

$$z_G = \frac{\displaystyle\int_A z\,\mathrm{d}A}{A}$$

から求められる．上式に $A = H \times 1$，$\mathrm{d}A = \mathrm{d}z \times 1$ を代入すれば，

$$z_G = \frac{\displaystyle\int_0^H z\,\mathrm{d}z}{H} = \frac{H^2}{2H} = \frac{H}{2}$$

となる．よって，図心の位置は水面から $H/2$ の深さにあることがわかる．したがって，図心のゲージ圧 p_G は式(2.21)と $\sin\theta = \sin 90° = 1$ から次式で与えられる．

$$p_G = \rho g \sin\theta \cdot z_G = \rho g z_G = \frac{\rho g H}{2}$$

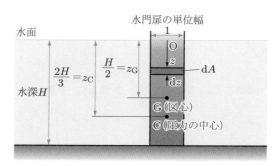

水門扉の単位幅

1

水面

$\dfrac{2H}{3} = z_C$

$\dfrac{H}{2} = z_G$

水深 H

O

z

$\mathrm{d}A$

$\mathrm{d}z$

G (図心)

C (圧力の中心)

▶ **図2.16 扉側からみた水路断面**

扉の単位幅あたりに作用する全圧力 F は，式 (2.21) と上式から，$A = H$ なので，次式となる．

$$F = p_{\mathrm{G}} A = \frac{\rho g H^2}{2} \tag{1}$$

着力点の位置は，式 (2.23) と式 (1) より

$$z_{\mathrm{C}} = \frac{\rho g \sin 90^\circ \displaystyle\int_A z^2 \,\mathrm{d}A}{F} = \frac{\rho g \displaystyle\int_0^H z^2 \,\mathrm{d}z}{\rho g H^2 / 2} = \frac{H^3/3}{H^2/2} = \frac{2}{3} H \tag{2}$$

となる．すなわち，水面から 2/3 の深さのところに着力点があることがわかる．

以上のように計算してもよいが，次のように考えてもよい．

図 2.17 に示すように，水が接している扉の面は，幅が 1 で，深さが H の長方形である．長方形の図心は長方形の中央にあるので，水面から深さの 1/2 のところに図心があることがわかる．したがって，図心における圧力は $(1/2)\rho g H$ であるので，全圧力 F は

$$F = \frac{1}{2} \rho g H^2$$

となり，式 (1) が得られる．次に圧力分布を考えれば，図 2.17 に示すように，直線分布であるから，この圧力分布の図形は直角三角形である．直角三角形の図心は，底辺から高さの 1/3 のところにある．したがって，この場合には水路底から 1/3 のところに着力点の位置があることがわかるので，水面からは 2/3 の深さになり，式 (2) が得られる．

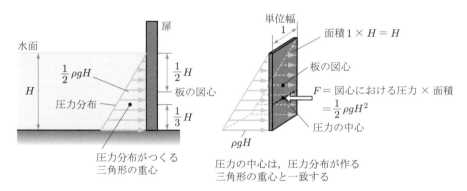

▶ **図 2.17　圧力分布と圧力の中心**

次に，水門扉にはたらく力と圧力の中心を数値的に求めよう．式 (1) で与えられる全圧力 F は扉の単位幅あたりの力なので，水門扉にはたらく力は，全圧力 F に扉の幅をかければよい．したがって，次のようになる．

$$\frac{(扉の幅) \times \rho g H^2}{2} = \frac{2\,[\mathrm{m}] \times [1000\,[\mathrm{kg/m^3}] \times 9.8\,[\mathrm{m/s^2}] \times (0.6\,[\mathrm{m}])^2}{2}$$
$$= 3528\,[\mathrm{kg \cdot m/s^2}] = 3.53 \times 10^3\,[\mathrm{N}] = 3.53\,[\mathrm{kN}]$$

圧力の中心は，式 (2) より次のように得られる．

$$z_{\mathrm{C}} = \frac{2H}{3} = \frac{2 \times 0.6\ [\mathrm{m}]}{3} = 0.4\ [\mathrm{m}]$$

したがって，圧力の中心は水面から 0.4 m のところ，または水路底から 0.2 m のところにある．

- -

2.7 曲面壁にはたらく力

2.7.1 ▶▶ 全圧力

図 2.18(a) の貯水槽断面図に示すような曲面壁貯水槽の場合を考えよう．水面に座標の原点 O をとり，原点から曲面壁に向かって水平方向（水面上）に x 軸，鉛直下方に z 軸，紙面に垂直で上向きに y 軸をとる．ここでは，貯水槽壁の一部である曲面壁 MN にはたらく，単位幅（y 軸方向の長さが 1）あたりの全圧力 F を求める．曲面壁の場合は壁の傾きが下方にいくにつれて変化するので，水圧による力の方向もそれに対応して変化していく．したがって，全圧力 F を求めるには，F の水平方向成分 F_x と鉛直方向成分 F_z のそれぞれを求めて，それらの合力として F を求める．

まず，水平方向成分 F_x を求める．図 2.18(b) に示す鉛直投影面の展開図は，図 2.18(a) に示す曲面壁 MN を，点 M を通る鉛直投影面上へ投影し，さらにそれを y-z

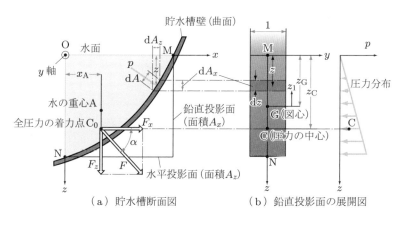

（a）貯水槽断面図 　　　　（b）鉛直投影面の展開図

（c）微小面積要素 $\mathrm{d}A$ と $\mathrm{d}A_x$，$\mathrm{d}A_z$ の関係

▶ 図 2.18　曲面壁にはたらく力

面上に展開した図である．また，図 2.18(c) は，曲面壁の微小面積要素 dA が水平方向に対し角度 θ だけ傾いているとき，鉛直投影面上の微小面積要素 dA_x と，水平投影面上の微小面積要素 dA_z の関係を示す．それらの関係を式で表せば，次式になる．

$$\mathrm{d}A_x = \mathrm{d}A \sin\theta, \quad \mathrm{d}A_z = \mathrm{d}A \cos\theta$$

いま，曲面壁 MN 上の水深 z の位置における微小面積要素 dA にはたらく力について考える．この部分に作用する圧力 p はゲージ圧で，次式で与えられる．

$$p = \rho g z \tag{2.26}$$

よって，微小面積要素 dA に作用する水圧による水平方向分力 dF_x は，次式で与えられる．

$$\mathrm{d}F_x = p\,\mathrm{d}A \sin\theta = p\,\mathrm{d}A_x$$
$$\therefore\ F_x = \int_{A_x} \mathrm{d}F_x = \int_{A_x} p\,\mathrm{d}A_x = \int_{A_x} \rho g z\,\mathrm{d}A_x = \rho g \int_{A_x} z\,\mathrm{d}A_x$$
$$= \rho g z_{\mathrm{G}} A_x = p_{\mathrm{G}} A_x \tag{2.27}$$

ここで，A_x は図 2.18(b) の鉛直投影面の展開図にみられる長方形の面積で，z_{G} は式 (2.20) で明らかにしたように，水面から鉛直投影面 MN の図心 G までの深さ，$p_{\mathrm{G}} = \rho g z_{\mathrm{G}}$ は図心 G に作用するゲージ圧である．したがって，全圧力の水平方向成分は，鉛直投影面の図心における圧力に鉛直投影面の面積をかけて求められる．

次に，全圧力の鉛直方向成分 F_z を求める．微小面積要素 dA の水平成分 dA_z は，d$A_z = \mathrm{d}A \cos\theta$ なので，dA_z にはたらく力は次のように求められる．

$$\mathrm{d}F_z = p\,\mathrm{d}A \cos\theta = p\,\mathrm{d}A_z$$
$$\therefore\ F_z = \int_{A_z} p\,\mathrm{d}A_z = \int_{A_z} \rho g z\,\mathrm{d}A_z = \rho g \int_{A_z} z\,\mathrm{d}A_z \tag{2.28}$$

ここで，図 2.18(a) に示すように，$\displaystyle\int_{A_z} z\,\mathrm{d}A_z$ は単位幅の曲面壁 MN 上にある水の体積を表しているので，F_z は曲面壁 MN より上にある水の重さに等しい．

以上より，全圧力 F と，それが水平方向となす角度 α は，次式で与えられる．

$$F = \sqrt{F_x{}^2 + F_z{}^2}, \quad \alpha = \tan^{-1} \frac{F_z}{F_x} \tag{2.29}$$

2.7.2 ▶▶ 全圧力の着力点

曲面壁 MN より上方にある部分の水の体積を V とすれば，F_z は $\rho g V$ に等しい．そして，F_z の着力点（作用点，圧力の中心ともいう）は，図 2.18(a) に示すように，曲面壁 MN 上の水の重心 A を通る鉛直線上にある．重心 A と z 軸との距離を x_{A} とす

れば，着力点の位置は次のように計算できる．

$$\rho g V x_A = \int_{A_z} \rho g z x \, \mathrm{d}A_z = \rho g \int_{A_z} xz \, \mathrm{d}A_z$$

$$\therefore \quad x_A = \frac{\displaystyle\int_{A_z} xz \, \mathrm{d}A_z}{V} \tag{2.30}$$

次に，F_x の着力点を求めよう．x 方向の圧力の中心 C は，図 2.18(b) に示すように，水面からの距離を z_C とすれば，式 (2.25) で与えられる．

$$z_C = z_G + \frac{I_G}{A_x Z_G} \tag{2.31}$$

ここで，図 2.18(b) に示すように，I_G は鉛直投影面上の図心 G を通る x 軸に平行な軸周りの断面二次モーメントで，次式で与えられる（p. 19 の脚注を参照）．

$$I_G = \int_{A_x} z_1{}^2 \, \mathrm{d}A_z \tag{2.32}$$

なお，F_x の作用線は次のように考えればわかりやすい．図 2.18(b) の右側に示す圧力分布は直角三角形なので，全圧力の水平方向成分はこの三角形の図心 C（圧力の中心）を通るように作用する．よって，F_x の作用線は，点 N の水面からの深さの 2/3 のところを通る．したがって，F_x の作用線と F_z の作用線の交点 C_0 が全圧力 F の着力点（圧力の中心）として求められる．

例題 ● 2.5

図 2.19 に示すように，貯水槽の曲面壁の形状が $z = -x^2 + 2$（$z = 0 \sim 2$ [m]，$x = 0 \sim \sqrt{2}$ [m]）で与えられるとき，曲面壁にはたらく単位幅あたりの全圧力 F の大きさと方向を求めよ．ただし，水の密度は $\rho = 1000$ [kg/m³]，重力加速度は $g = 9.81$ [m/s²] とする．

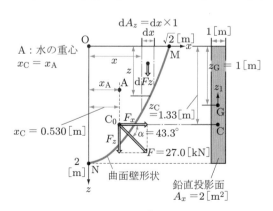

▶**図 2.19** 曲面壁形状 $z = -x^2 + 2$ にはたらく全圧力 F

――― 鉛直投影面は図 2.19 に示すように長方形で，その面積は $A_x = 2\,[\text{m}] \times 1\,[\text{m}] = 2\,[\text{m}^2]$，図心は長方形の中心なので，$z_\text{G} = 1\,[\text{m}]$ になる．よって，式 (2.27) から F_x の値が次のように得られる．

$$F_x = \rho g z_\text{G} A_x = 1000\,[\text{kg/m}^3] \times 9.81\,[\text{m/s}^2] \times 1\,[\text{m}] \times 2\,[\text{m}^2]$$
$$= 19.6 \times 10^3\,[\text{N}] = 19.6\,[\text{kN}] \tag{1}$$

F_x の着力点の z 座標 z_C の値は，水面から最深部までの深さの $2/3$ のところにある．よって，次のようになる．

$$z_\text{C} = 2\,[\text{m}] \times \frac{2}{3} = 1.33\,[\text{m}] \tag{2}$$

$\text{d}A_z = \text{d}x \times 1 = \text{d}x$ であるから，F_z の値は式 (2.28) から次のように求められる．

$$F_z = \rho g \int_0^{\sqrt{2}} z\,\text{d}x = \rho g \int_0^{\sqrt{2}} (-x^2 + 2)\,\text{d}x = \rho g \left(-\int_0^{\sqrt{2}} x^2\,\text{d}x + 2\int_0^{\sqrt{2}} \text{d}x \right)$$
$$= 1000\,[\text{kg/m}^3] \times 9.81\,[\text{m/s}^2] \times 1.885\,[\text{m}^3] = 18.5 \times 10^3\,[\text{N}] = 18.5\,[\text{kN}] \tag{3}$$

次に，F_z の作用線の z 軸との距離（着力点の x 座標）x_C を求める．図 2.19 に示す微小体積要素（$z\,\text{d}x$）の，重量 $\rho g z\,\text{d}x$ による z 軸周りのモーメントの積分値が $\rho g \int_0^{\sqrt{2}} zx\,\text{d}x$ となるので，この値が $x_\text{C} \times F_z$ に等しい．よって，次式が成り立つ．

$$x_\text{C} \times F_z = \rho g \int_0^{\sqrt{2}} zx\,\text{d}x = \rho g \int_0^{\sqrt{2}} (-x^2 + 2)x\,\text{d}x$$
$$= \rho g \left(-\int_0^{\sqrt{2}} x^3\,\text{d}x + 2\int_0^{\sqrt{2}} x\,\text{d}x \right)$$
$$= 1000\,[\text{kg/m}^3] \times 9.81\,[\text{m/s}^2] \times 1\,[\text{m}^4]$$
$$= 9.81 \times 10^3\,[\text{N·m}] = 9.81\,[\text{kN·m}] \tag{4}$$

よって，式 (3)，(4) より，x_C の値が得られる．

$$x_\text{C} = \frac{\rho g \displaystyle\int_0^{\sqrt{2}} zx\,\text{d}x}{F_z} = \frac{9.81\,[\text{kN·m}]}{18.5\,[\text{kN}]} = 0.530\,[\text{m}] \tag{5}$$

全圧力 F の大きさと，それが水平方向となす角度 α は，式 (2.29) から次のように得られる．

$$F = \sqrt{F_x{}^2 + F_z{}^2} = \sqrt{(19.6\,[\text{kN}])^2 + (18.5\,[\text{kN}])^2} = 27.0\,[\text{kN}] \tag{6}$$

$$\alpha = \tan^{-1} \frac{F_z}{F_x} = \tan^{-1} \frac{18.5\,[\text{kN}]}{19.6\,[\text{kN}]} = \tan^{-1} 0.9439 = 43.3° \tag{7}$$

すなわち，全圧力の着力点（圧力の中心）の座標 (x_C, z_C) は，$x_\text{C} = 0.530\,[\text{m}]$，$z_\text{C} = 1.3\,[\text{m}]$ で，全圧力の作用線は水平方向に対して $\alpha = 43.3°$ の傾きをもつ．

2.1 体積が $1\,\mathrm{m}^3$ の金属を水中に置いて重量を測定したら，$1\,\mathrm{t}$ であった．この金属の重量を [kN] で表すといくらか．

2.2 水深が $10\,\mathrm{m}$ の池の最深部での水圧はゲージ圧 [kPa] で表すといくらか．

2.3 大気の標準気圧 p_a は，水銀柱の高さで表すと $760\,\mathrm{mm}$ であるが，[Pa] で表すといくらか．水銀の比重を 13.6 として計算せよ．

2.4 図 2.6 のような U 字管マノメータがある．管内の水圧 p_0 を測ったら水銀柱で $H_2 = 30\,[\mathrm{cm}]$ であった．また，水柱の高さは $H_1 = 10\,[\mathrm{cm}]$ であった．水銀の比重を 13.6 として管内の水圧をゲージ圧で求めよ．

2.5 図 2.11 に示すように，水平方向から $60°$ だけ傾いた壁面をもつ貯水槽の側面に直径が $1\,\mathrm{m}$ の放水口があり，側板によって閉じられている．側板の中心から水面までの距離は $6\,\mathrm{m}$ であるとき，側板にはたらく全圧力はいくらか．

3_章 流体運動の基礎

　流体運動を考える場合，二つの考え方がある．一つは，流れ空間のある点における速度や圧力をその点の空間座標 (x, y, z) と時間 t の関数で表す考え方で，**オイラーの方法**という．もう一つは，流れ中の流体の1個の微小粒子（流体粒子）に注目し，その粒子の速度と加速度をその流体粒子の位置座標の一階微分および二階微分で表して，流体の運動を解析する方法で，**ラグランジュの方法**という．

　流れを理解するうえでは，オイラーの方法のほうが実用的で有用なことが多いので，本書ではオイラーの方法で流体運動を考える．本章では，流れを考えるときの用語と基礎事項について学ぼう．

3.1　定常流と非定常流

　流れ空間内の速度が，時間的に変化せず一定で，空間の位置のみの関数で与えられるような流れを**定常流**という．それに対して，速度が時間的に変化する流れは**非定常流**という．たとえば，一定量の水がいつも流れている水道管内の流れは定常流であるが，血管内の流れは心臓の拍動のため脈を打っており，速度が時間的に変動しているので，非定常流である．

3.2　流線と流管

　流線とは，図3.1に示すように，速度ベクトルが流線の接線と一致するような線のことである．もう少し正確に表現すれば，ある瞬間における空間の曲線を考えたとき，その曲線上のあらゆる点において，その点の速度ベクトルがその曲線上の接線と一致するような線を流線という．定常流は時間的に変化しない流れなので，流線の形も時間的に変化しない．しかし，非定常流では，図3.2に示すように，各瞬間において流

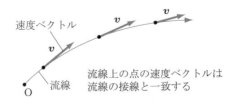

▶ **図3.1　流線と速度ベクトルの関係**

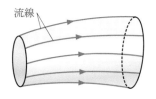

▶図 3.2　非定常流の流線　　　　　　　　　　　　▶図 3.3　流管

線が異なるので，流れの様子はある時間的な瞬間をとらえて描く必要が出てくる.

　図 3.3 に示すように，流線で囲まれた管を**流管**という．図は，流れを定常流と仮定して描かれている．流管の壁面に引いた接線は速度ベクトルの方向に一致しているので，流管の壁面に垂直な速度成分は 0 である．したがって，流管から流体が漏れ出ることはない．非定常流の場合には，速度ベクトルの大きさや方向が時間的に変化するので，弾力性のある流管の場合には血管のように膨らんだり，収縮したり，変形したりすることになる．しかし，剛体壁の流管の場合は流速と圧力が変化する.

3.3　流跡線と流脈線

　図 3.4 に示すように，流体粒子が移動した軌跡を**流跡線**という．図 3.5 に示す定常流の場合には，流体粒子がその場所における速度で移動するから，流跡線と流線とが一致する．しかし，時間的変化のある非定常流の場合には，流線が時間的に変化するので，図 3.6 に示すように，流跡線と流線とが一致しない.

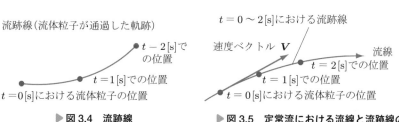

▶図 3.4　流跡線　　　　　　　　　▶図 3.5　定常流における流線と流跡線の一致

　このほかに，**流脈線**というものがある．図 3.7 に示すように，細い管から色素を流れの中に注入する場合を考えてみよう．細い管の先端 A から色素が次々と流れ出ていくが，この色素の筋が流脈線である．管内の流れが緩やかに波を打って流れている非定常流であるとすると，流脈線上の流体粒子は細い管の先端から流出する瞬間の時間がすべて異なるので，流脈線は粒子の軌跡を示す流跡線と一致しない．また，流線と

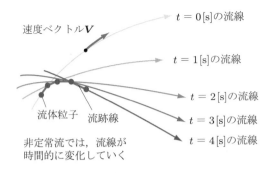

速度ベクトル**V**

$t = 0\,[\mathrm{s}]$の流線

$t = 1\,[\mathrm{s}]$の流線

$t = 2\,[\mathrm{s}]$の流線

$t = 3\,[\mathrm{s}]$の流線

$t = 4\,[\mathrm{s}]$の流線

流体粒子　流跡線

非定常流では，流線が
時間的に変化していく

▶ 図3.6　非定常流の流線と流跡線

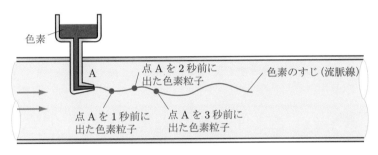

色素

点Aを2秒前に
出た色素粒子

色素のすじ（流脈線）

A

点Aを1秒前に
出た色素粒子

点Aを3秒前に
出た色素粒子

▶ 図3.7　流脈線

も異なる．このように，非定常流では流線，流跡線，流脈線は一致しない．一方，定常流の場合には，流線と流跡線と流脈線の三つが一致する．

3.4　定常流におけるオイラーの加速度

　定常流における流体運動の速度と加速度について考えてみよう．図3.8に示すように，時刻 t のとき位置 S にあった流体粒子が，時刻 $t + \Delta t$ に位置 $S + \Delta S$ まで移動したとすると，その流体粒子の速度 V は次式で定義される．

$$V = \lim_{\Delta t \to 0} \frac{\Delta S}{\Delta t} \tag{3.1}$$

　加速度は図3.9に示すように，同一流体粒子の速度の時間変化率で与えられる．たとえば，ある時刻 t のとき位置 S にあった流体粒子の速度が V であったとする．この流体粒子が時刻 $t + \Delta t$ のとき，位置が $S + \Delta S$ に移動し，速度が $V + \Delta V$ に変化したとすれば，加速度 α は次式のように求められる．

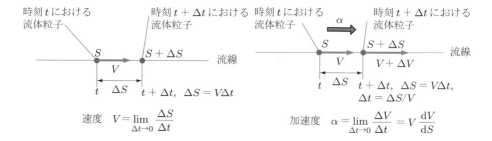

速度 $V = \lim_{\Delta t \to 0} \dfrac{\Delta S}{\Delta t}$

加速度 $\alpha = \lim_{\Delta t \to 0} \dfrac{\Delta V}{\Delta t} = V \dfrac{dV}{dS}$

▶ 図 3.8　速度の定義式　　　　　　　　▶ 図 3.9　加速度の定義式

$$\alpha = \lim_{\Delta t \to 0} \frac{\Delta V}{\Delta t} = \lim_{\Delta t \to 0} \frac{\Delta S}{\Delta t}\frac{\Delta V}{\Delta S} = \lim_{\Delta t \to 0} \frac{V\Delta t}{\Delta t}\frac{\Delta t}{\Delta S}$$

$$= V \lim_{\Delta S \to 0} \frac{\Delta V}{\Delta S} = V \frac{dV}{dS} \tag{3.2}$$

$V(dV/dS)$ は，定常流における**オイラーの加速度**という．

3.5　内部流れと外部流れ，流れの相似

　普段，私たちが目にする流れには，水道管内の流れのように，流体の周囲が壁で覆われている場合の流れと，空中を飛んでいるボール周りの流れのように，外部が無限空間につながっている場合とがある．前者を**内部流れ**といい，後者を**外部流れ**という．管の形状や物体の形状が異なれば，流れの様子が違うのは当然であるが，これらの形状が相似に作られているときは，流速や流体の密度や粘度を適当に選ぶことによって，流れの様子を同じにすることができる（**流れの相似**）．たとえば，飛行機の空気抵抗を調べるとき，形状が相似な小型の模型を使って実験が行われる．このような模型実験では，**流れの相似性**（二つの流れ系が互いに相似の関係にあることをいう）が成立するようにして実施している．

3.6　流れの相似条件

　二つの流れ系が互いに相似の関係にあるためには，下記の三つの条件が必要である．
(1) 幾何学的相似：二つの流れ系の物体形状や，流れが接する境界面（壁）の形状は，幾何学的に相似である．

　この幾何学的相似条件は，二つの流れ系が相似であるために，第一に必要な条件である．図 3.10(a) と (b) は外部流れの代表として，翼の実物と模型の周りの流れを示している．翼にはいろいろな形状があるが，この実物と模型との間には幾何学的に相

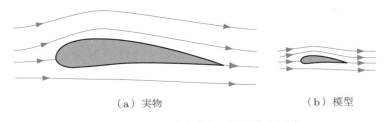

（a）実物　　　　　　　　　　　　　（b）模型

▶ 図 3.10　流れの相似条件 1（幾何学的相似）

似な関係があることがわかる．内部流れの例として円管内の流れを考えると，どのような場合でも断面形状が円なので，幾何学的相似条件がつねに成立している．

(2) 運動学的相似：二つの流れ系の相対応する流線の形状が相似で，それらの流線上の対応する 2 点の流速の比が同じである．

図 3.11(a) と (b) に示すように，二つの幾何学的に相似な物体周りの流線形状が相似でなくなる場合がある．たとえば，空気のような圧縮性流れにおいては，圧縮性のため，流線の形状が図 (b) の破線で示すように相違する場合がある．そのため図 (a) に示す実物の場合と，図 (b) に示す模型の場合の相対応する流線上の点，たとえば，点 A_1 上の流速 V_{A_1} と，それに対応する流線上の点 B_1 における流速 V_{B_1} の比 V_{A_1}/V_{B_1} が，同様に相対応する 2 点，点 A_2 と点 B_2 における流速の比 V_{A_2}/V_{B_2} に等しいことが要求されるのである．

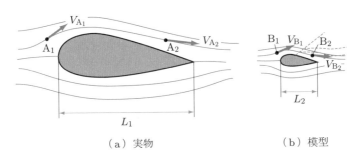

（a）実物　　　　　　　　　　　　　（b）模型

▶ 図 3.11　流れの相似条件 2（運動学的相似）

(3) 力学的相似：二つの流れ系で相対応する力の比が等しい．

二つの流れ系において，幾何学的相似条件と運動学的相似条件の両方が成立しているとき，たとえば，図 3.12 に示すように，流れ中の流体の微小要素にはたらく慣性力と粘性力との比が同じであれば，流れの様子が力学的に同じになる．このときの（**慣性力**）/（**粘性力**）の比として与えられる値は無次元数になるが，これは**レイノルズ数**という重要なパラメータである．

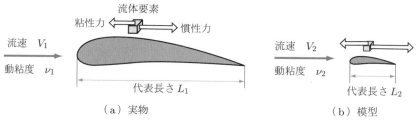

▶ **図 3.12　流れの相似条件 3（力学的相似）**

レイノルズ数のほかに，船が進むときの造波抵抗に関しては，慣性力と重力の比（**フルード数**）が重要な無次元パラメータである．また，液体の表面張力が関係する場合には，慣性力と表面張力との比（**ウエーバ数**）が，さらに，流れに圧縮性の影響が現れる場合には，流速と音速との比（**マッハ数**）が重要である．しかし，ここでは流体力学で一番なれ親しまれているレイノルズ数についてのみ説明する．

3.7 ▷ レイノルズ数

図 3.12(a) と (b) に示すような，実物と模型の二つの流れ系が力学的に相似になる条件について考えてみよう．流体要素に作用する力は，慣性力と圧力勾配による力と粘性力との三つで，これらの力の関係から運動方程式が得られている．二つの流れ系が力学的に相似であるためには，二つの流れ系におけるこの三つの力のそれぞれの値の比がすべて等しくなる必要がある．しかし，粘性力が重要な流れにおいては，慣性力と粘性力のおのおのの値の比が等しければ，二つの流れ系の力学的相似条件が成立する．なぜなら，圧力勾配による力が未知でも，これら三つの力のつり合いを示す運動方程式から，残りの二つの力が求められるからである．

理論的に流れを考察する場合に運動方程式を無次元化するが，流れにおける時間のスケールとして，（代表長さ L）÷（代表流速 V）を用いる．流れの加速度のスケールは，速度を時間のスケールでわれば得られるので，$V/(L/V) = V^2/L$ になる．また，流れ中の流体微小要素の質量は ρL^3 に対応し，流れの慣性力は（質量）×（加速度）で与えられるので，慣性力のスケールは次式で与えられる．

$$慣性力 \sim \frac{\rho L^3 \times V^2}{L} = \rho L^2 V^2$$

ここで，〜はオーダを示す．オーダとは，ほぼ同じ程度の大きさという意味である．

粘性力は，第 1 章で説明したように，せん断応力に面積をかければ得られる．せん断応力は式 (1.8) で与えられるので，そのスケールは $\mu V/L$ であることがわかる．面

積のスケールは L^2 なので，粘性力のスケールが次式で与えられる．

$$\text{粘性力} \sim \frac{\mu V}{L} \times L^2 = \mu L V$$

よって，**レイノルズ数** Re は次式になる．

$$Re = \frac{\textbf{(慣性力)}}{\textbf{(粘性力)}} \sim \frac{\rho L^2 V^2}{\mu L V} = \frac{\rho L V}{\mu} = \frac{L V}{\mu/\rho} = \frac{L V}{\nu} \tag{3.3}$$

ここで，**動粘度** ν は $\nu = \mu/\rho$ で，その単位は $[\mathrm{m^2/s}]$ である．

図 3.12 に示したように，二つの流れ系が力学的に相似であるためには，実物と模型の流れのレイノルズ数が同じ値になることが必要である．すなわち，

$$Re_1 = \frac{L_1 V_1}{\nu_1} = Re_2 = \frac{L_2 V_2}{\nu_2} \tag{3.4}$$

が成立しなければならない．

以上は，レイノルズ数について，外部流れの代表である翼形状物体の場合を例に挙げて説明した．次に，内部流れの代表として，円管内流れのレイノルズ数について説明しよう．

円管内流れでは，第 7 章で詳しく述べるが，式 (3.3) 中の代表速度 V の代わりに管内平均流速 V_m を，代表長さ L の代わりに管の内径 d を用いる．$V_\mathrm{m}\,[\mathrm{m/s}]$ は，管内を流れる流体の流量 $Q\,[\mathrm{m^3/s}]$ を管内断面積 $\pi d^2/4\,[\mathrm{m^2}]$ でわって得られる．

$$V_\mathrm{m} = \frac{Q}{\pi d^2/4} \tag{3.5}$$

管の内面がなめらかな場合は，図 3.13 に示すように，内径が変化しても，すなわち細い管も太い管も，流線形状がどこでも直線で，流れ系がつねに幾何学的に相似である．したがって，圧縮性流体の高速流を扱わないかぎり，流線が相似の関係にあるか

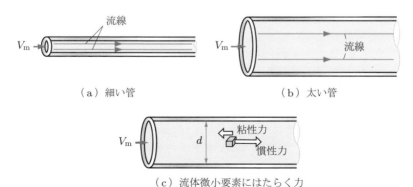

（a）細い管　　　　　　　　　　　　（b）太い管

（c）流体微小要素にはたらく力

▶ **図 3.13　円管内流れの力学的相似条件**

ら，力学的相似条件の（慣性力）/（粘性力）＝（レイノルズ数）の値が同じでさえあれば，流れの相似性がつねに成立するのである．ただし，矩形管や正方形管など円管以外の場合には，管内の断面形状変化による幾何学的形状のパラメータが相似性の条件として追加される．

例題 ● 3.1

気温が 20°C のとき，時速 60 km で走行する自動車の周りの流れを調べるため，実物の 10 分の 1 の模型を作って 20°C の水中で実験する場合，水の速度はいくらにしたらよいか．ただし，20°C の空気と水の動粘度は 15.12×10^{-6} m^2/s，1.004×10^{-6} m^2/s とする．

解答 - - - 実物と模型のレイノルズ数が同じになる必要がある．したがって，式 (3.4) より $L_1 V_1/\nu_1$（実物）＝ $L_2 V_2/\nu_2$（模型）．$V_1 = 60$ [km/h] $= 16.7$ [m/s]，$L_2/L_1 = 1/10$，$\nu_1 = 15.12 \times 10^{-6}$ [m^2/s]，$\nu_2 = 1.004 \times 10^{-6}$ [m^2/s] なので，水の流速は次のように求められる．

$$V_2 = \frac{L_1}{L_2} \frac{\nu_2}{\nu_1} V_1 = 10 \times \frac{1.004 \times 10^{-6} \text{ [m}^2\text{/s]}}{15.12 \times 10^{-6} \text{ [m}^2\text{/s]}} \times 16.7 \text{ [m/s]} = 11.1 \text{ [m/s]}$$

演習問題

3.1 20°C の水中で泳いでいる魚の周りの流れを調べるため，実物の 5 倍の大きさの模型を作って風洞で実験したい．風洞の気流の温度が 20°C のとき，流速を何倍にしたらよいか．ただし，20°C の水と空気の動粘度は 1.004×10^{-6} m^2/s，15.12×10^{-6} m^2/s とする．

3.2 気温が 20°C のとき，時速 100 km で走行している自動車（代表長さ 4 m）周りの流れの様子を模型を使って調べたい．水中実験装置の水の速度を 10 m/s で行うためには，模型の大きさをいくらにしたらよいか．ただし，20°C の空気と水の動粘度は 15.12×10^{-6} m^2/s，1.004×10^{-6} m^2/s とする．

3.3 管内径 $d_1 = 10$ [mm] の円管内を水が平均流速 $V_{m1} = 2$ [m/s] で流れている．この流れと相似の流れを，同じ水で管内径 $d_2 - 20$ [mm] の円管路で作るには，平均流速 V_{m2} をいくらにすればよいか．

3.4 管内径 $d_1 = 100$ [cm] の円管内を水が流量 $Q_1 = 0.1$ [m^3/s] で流れている．この流れと相似の流れを，同じ水で管内径 $d_2 = 10$ [cm] の円管路で作るには，流量 Q_2 をいくらにすればよいか．

3.5 管内径 $d_1 = 100$ [cm] の送油管内を油が平均流速 $V_{m1} = 5$ [m/s] で流れている．この流れと相似の流れを，20°C の水で平均流速 $V_{m2} = 1$ [m/s] で作るには，管内径 d_2 がいくらの円管を用いればよいか．ただし，油の動粘度は $\nu_1 = 0.100 \times 10^{-3}$ [m^2/s]，20°C の水の動粘度は $\nu_2 = 1.004 \times 10^{-6}$ [m^2/s] とする．

4章 一次元流れ

水や空気はサラサラと流れるので，一見，粘性がないように思うかもしれないが，実際の流体には粘性があり，粘度が小さくても，その値は0ではない．そこで，粘性のない**理想流体の流れ**を仮定すれば，流れの解析が簡単になる．

本章では，定常な理想流体の一次元流れについて学ぼう．

4.1 連続の式

水道管の中を水が流れる場合を考えてみよう．水には粘性があるので管壁近傍では流れの速度が減じ，図 4.1(a) に示すように，管内断面上では速度分布が一定にならない．このような粘性のある流体を**粘性流体**という．しかし，粘性をもたない流体（**非粘性流体**という）の流れを仮定すれば，図 (b) にみられるように，流体が壁面に粘着せずスリップし，管内の速度分布が一定の直線状分布になる．このような粘性のない流体は実際には存在しないが，理想的な流体として非粘性流体を仮定することはしばしば行われる．このような流れを，**理想流体の流れ**という．

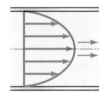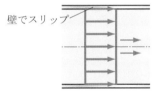

（a）実際（粘性流体）　　　（b）理想流体（非粘性流体）
　　の流れの速度分布　　　　　の流れの速度分布

▶ **図 4.1　管内流れの速度分布**

非粘性流体では，図 4.2 に示すように，管断面上の速度は一定であるので，断面を1 秒間に通過する流体の体積は，断面積 A に流速 V をかけて求めることができる．これを**流量 Q** という．

$$Q = AV \tag{4.1}$$

図 4.3 に示すように，断面積が流れ方向に変化する一つの流管を考える．流線で覆われている流管の表面からは漏れ出る流体がない．なぜなら，速度ベクトルは流線の接線と一致しているからである．したがって，流管内のどの断面でも流量（体積流量）が同じである．よって，次のようになる．

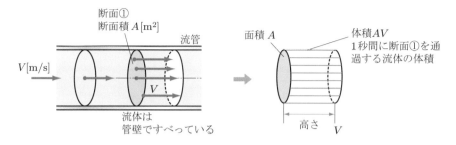

流量 Q とは1秒間にある断面を通過
する流体の体積[m³/s]である
$\Longrightarrow Q = AV \,[\mathrm{m^3/s}]$

▶ 図 4.2 流量の概念図

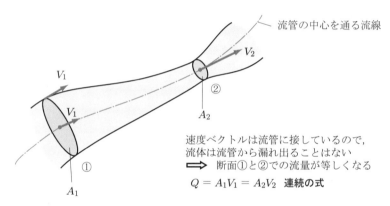

速度ベクトルは流管に接しているので，
流体は流管から漏れ出ることはない
$\Longrightarrow$ 断面①と②での流量が等しくなる
$Q = A_1 V_1 = A_2 V_2$ 連続の式

▶ 図 4.3 連続の式（定常流の場合）

$$Q = A_1 V_1 = A_2 V_2 = (一定) \tag{4.2}$$

圧縮性流体の流れでは，質量保存の関係からわかるように，質量流量 m（= 体積流量 × 密度）が一定になるので，次式が成立する．

$$m = \rho_1 A_1 V_1 = \rho_2 A_2 V_2 = (一定) \tag{4.3}$$

式 (4.2)，(4.3) を**連続の式**という．水や空気のような実在流体の場合にも，管路から流体が漏れ出ることがないので，連続の式が成立する．式 (4.2) や (4.3) の連続の式を用いるときには，流速として管内断面の平均流速を用いればよい（第 7 章参照）．

例題 ● 4.1

直径が 10 cm の管内を，水が管断面平均速度 1 m/s で流れている．図 4.4 に示すように，管の直径が 20 cm に拡大する場合には，下流側の管内を流れる水の断面平均流速はいくらになるか．

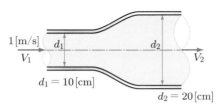

▶ 図 4.4　拡大管

解答 --- 上流側の管の断面積 $A_1 = \pi {d_1}^2/4$，管断面平均流速 $V_1 = 1$ [m/s]，下流側管の断面積 $A_2 = \pi {d_2}^2/4$ を式 (4.2) に代入し，V_2 を求める．

$$V_2 = \frac{A_1 V_1}{A_2} = \frac{{d_1}^2}{{d_2}^2} V_1 = \frac{(10\,[\text{cm}])^2}{(20\,[\text{cm}])^2} \times 1\,[\text{m/s}] = \frac{1}{4}\,[\text{m/s}]$$

よって，下流側の管内の平均流速は 0.25 m/s になる．

- -

4.2 理想流体の一次元流れのオイラー運動方程式

1.4 節で述べたように，実際には流体は粘性をもっているが，ここでは流体が非粘性であると仮定し，理想流体の一次元流れの運動方程式を導出してみよう．

図 4.5 に示すように，断面積 $\mathrm{d}A$，長さ $\mathrm{d}S$ の微小な流体要素に作用する外力について考える．外力として，流体要素の表面積に作用する**表面力**と，流体要素の体積に直接作用する**体積力**とがある．前述のように非粘性流体を仮定しているので，表面力としては圧力による力のみを考えればよい．この流体要素の左側の面に作用する圧力を p とすると，右側の面に作用する圧力は $p + (\mathrm{d}p/\mathrm{d}S)\cdot\mathrm{d}S$ で与えられる．体積力として重力のみを考えれば，鉛直方向に $\rho g\,\mathrm{d}A\,\mathrm{d}S$ がはたらく．この力の流れ方向成分はこれに $\cos\theta$ をかければよく，図 4.6 に示すように $\cos\theta = \mathrm{d}z/\mathrm{d}S$ なので，流れの方向にはたらく体積力が次式で与えられる．

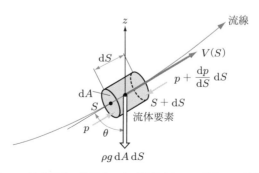

▶ 図 4.5　流体要素に作用する力（体積力として重力のみが作用する場合）

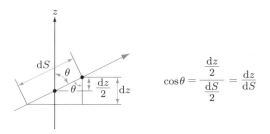

▶ 図 4.6　鉛直方向と流線方向の関係

$$\rho g \, \mathrm{d}A \, \mathrm{d}S \times \frac{\mathrm{d}z}{\mathrm{d}S} = \rho g \, \mathrm{d}A \, \mathrm{d}z \tag{4.4}$$

流体要素の質量が $\rho \, \mathrm{d}A \, \mathrm{d}S$，加速度は式 (3.2) より $V \cdot \mathrm{d}V/\mathrm{d}S$ なので，（質量）×（加速度）＝（外力）という関係から，運動方程式を作れば次式のようになる.

$$\rho \, \mathrm{d}A \, \mathrm{d}S \cdot V \frac{\mathrm{d}V}{\mathrm{d}S} = \left[p - \left(p + \frac{\mathrm{d}p}{\mathrm{d}S} \cdot \mathrm{d}S \right) \right] \mathrm{d}A - \rho g \, \mathrm{d}A \, \mathrm{d}z$$

上式の両辺を $\rho \, \mathrm{d}A \, \mathrm{d}S$ でわれば，次式が得られる.

$$V \frac{\mathrm{d}V}{\mathrm{d}S} = -\frac{1}{\rho} \cdot \frac{\mathrm{d}p}{\mathrm{d}S} - g \frac{\mathrm{d}z}{\mathrm{d}S} \tag{4.5}$$

上式は定常一次元流れにおける**オイラーの運動方程式**という.

4.3　ベルヌーイの定理

図 4.7 に示すように，運動方程式 (4.5) を 1 本の流線上の位置①から②まで，流線に沿って積分する. ここで，基準線を水平方向にとり，位置①と②の基準線からの鉛直方向距離をそれぞれ z_1，z_2 とする. また，位置①における流体の圧力を p_1，速度を V_1，位置②についてもそれぞれ p_2，V_2 とする.

$$\int_{①}^{②} V \, \mathrm{d}V = -\int_{①}^{②} \frac{1}{\rho} \, \mathrm{d}p - \int_{①}^{②} g \, \mathrm{d}z$$

$$\therefore \ \frac{V_1{}^2}{2} + \frac{p_1}{\rho} + g z_1 = \frac{V_2{}^2}{2} + \frac{p_2}{\rho} + g z_2 = (\text{一定}) \tag{4.6}$$

式 (4.6) は，理想流体の一次元流れにおける，流体の単位質量あたりのエネルギー式であり，g でわれば次式が得られる.

$$\frac{V_1{}^2}{2g} + \frac{p_1}{\rho g} + z_1 = \frac{V_2{}^2}{2g} + \frac{p_2}{\rho g} + z_2 = (\text{一定}) = H \tag{4.7}$$

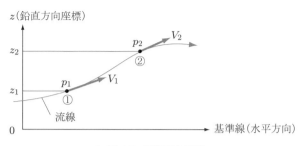

z（鉛直方向座標）

流線

基準線（水平方向）

▶ 図 4.7　座標系と流線

式 (4.7) は，単位重量あたりのエネルギー式である．この式の第 1 項 $(V_1^2/(2g)$，$V_2^2/(2g))$ は**速度ヘッド**，第 2 項 $(p_1/(\rho g)$，$p_2/(\rho g))$ は**圧力ヘッド**，第 3 項 $(z_1$，$z_2)$ は**位置ヘッド**という．また，1 本の流線上の速度ヘッドと圧力ヘッド，および位置ヘッドの合計の値 H を**全ヘッド**という．この式は，理想流体においてどこでもこの H の値が一定値であることを示している．以上の関係式を**ベルヌーイ** (Daniel Bernoulli, 1700–1782) **の定理**という．

4.4 ▷ 速度ヘッド，圧力ヘッド，位置ヘッド

式 (4.7) 中の各項のヘッドというのは，日本語で水頭といい，液柱の高さを意味する語である．たとえば，速度ヘッドというのは速度エネルギーの大きさを流体の液柱の高さで表したものである．

速度 V の水の噴流がもっている速度ヘッドの大きさについて，次のような例を考えてみる．図 4.8(a) に示すように，円板に噴流が垂直に当たるようにし，円板の中央に開けられた小穴と鉛直に立てたガラス管をビニールチューブで結ぶ．噴流が円板に

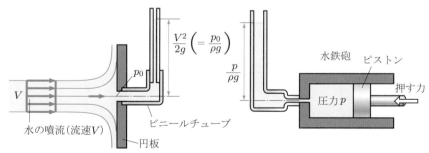

（a）速度ヘッド：速度エネルギーの
　　大きさを水柱高さで表したもの

（b）圧力ヘッド：圧力の大きさを
　　水柱高さで表したもの

▶ 図 4.8　速度ヘッドと圧力ヘッドの説明

よってせき止められるので，噴流の速度ヘッドが圧力ヘッドに変わり，圧力が小穴からビニールチューブを伝わり，ガラス管内の水を上昇させる．このときのガラス管の水柱の高さが速度ヘッドである．圧力ヘッドについては，図 (b) に示すように水鉄砲の先にガラス管を立てた例を考える．ピストンを押して圧力を高めると，その圧力に対応した水柱の高さにまで水が上昇する．この水柱の高さが圧力ヘッドである．位置ヘッドは，基準線からその位置までの鉛直方向の高さである．

例題 ● 4.2

流速が 10 m/s で水が流れている．速度ヘッドはいくらか．

解答 ─── 速度ヘッドは $V^2/(2g)$ で与えられるので，次のように求められる．

$$\frac{V^2}{2g} = \frac{(10\,[\mathrm{m/s}])^2}{2 \times 9.8\,[\mathrm{m/s^2}]} = \frac{100}{19.6}\,[\mathrm{m}] = 5.10\,[\mathrm{m}]$$

4.5 ▷ 流管の断面積が変化する場合

ベルヌーイの定理を，図 4.9 に示すような，水平に置かれた断面積が縮小する流管内の理想流体の流れに適用してみよう．

はじめに，適当な位置で水平方向に基準線を引く．流管の中心を通る流線上の上流側と下流側の 2 点をそれぞれ①と②とする．位置①における流体の圧力を p_1，速度を V_1，位置②についてもそれぞれ p_2，V_2 とする．また，位置①と②の基準線からの鉛直方向距離をそれぞれ z_1，z_2 とすれば，$z_1 = z_2$ の関係が成立している．

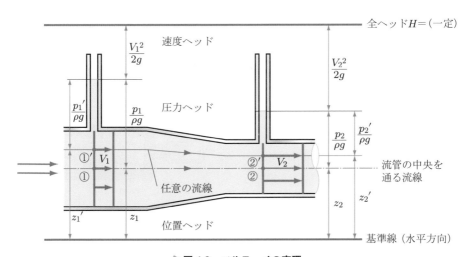

▶ 図 4.9 ベルヌーイの定理

ここで，流管の中心から外れたところを通る流線，たとえば図に示す点①′と②′を通る任意の流線①′②′上でベルヌーイの定理を適用する場合と，上述のように，流管の中心を通る流線上で適用する場合とで，同じになることを説明しておこう．流管内の速度は断面上一定なので，速度ヘッドの大きさは断面上一定である．また，図にみられるように，位置ヘッドと圧力ヘッドの値の合計値が，流線の位置にかかわらず変化しないことがわかる．したがって，どの流線に対しても全ヘッドが同じ値になり，同じベルヌーイの定理を用いることができる．ベルヌーイの定理は，流管の中央を通る流線について適用するほうがわかりやすいので，以後はそのようにする．

　ベルヌーイの定理によれば，流管のどの場所においても全ヘッド H が同じ値で，基準線を水平にとっているので，全ヘッド H の線も水平になる．下流で流管の断面積が小さくなる場合には，連続の式（式 (4.2)）からわかるように，下流では流速が増すので，速度ヘッドが大きくなる．したがって，図のように，位置①よりも位置②における速度ヘッドが大きくなる．圧力ヘッドと位置ヘッドと速度ヘッドの合計は，式 (4.7) からわかるように一定なので，速度ヘッドが大きくなった分だけ圧力ヘッドと位置ヘッドの和が小さくなる．したがって，この場合は $z_1 = z_2$ なので，下流における圧力ヘッド $p_2/(\rho g)$ が，上流の圧力ヘッド $p_1/(\rho g)$ よりも小さくなるのである．

例題 ● 4.3

　図 4.10 のような，水平に置かれた縮小拡大管路の流れにおいて，速度ヘッドと圧力ヘッドはどのように変化するかについて考察せよ．ただし，位置①，②，③における流管の断面積 A_1, A_2, A_3 は $A_1 > A_3 > A_2$ という関係があるものとする．

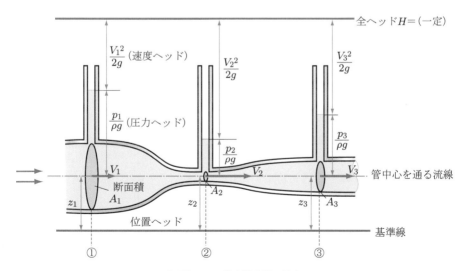

▶ **図 4.10　縮小拡大管の流れ**

--- 流れについて考察するためには，ベルヌーイの定理と連続の式を用いればよい．前述のように，流管の中央を通過する流線を代表として選ぶ．この流線上の全ヘッドの値 H は，ベルヌーイの定理により一定値である．

一方，流管の断面積に変化があるので，連続の式より流速を求めてみる．すなわち $Q = A_1 V_1 = A_2 V_2 = A_3 V_3$ より，$V_1 = Q/A_1$，および $V_2 = Q/A_2$, $V_3 = Q/A_3$ が得られる．ここで，断面積の関係が問題で与えられているので，これより流速について $V_1 < V_3 < V_2$ が成立することがわかる．

したがって，速度ヘッドには次のような関係が成立する．

$$\frac{V_1{}^2}{2g} < \frac{V_3{}^2}{2g} < \frac{V_2{}^2}{2g}$$

この速度ヘッドの大きさに応じて，圧力ヘッドも変化する．これについて図 4.10 に示すように，基準線を適当な位置に水平にとって絵を描いてみるとよい．流管の中央を通る流線上の上流側位置を①，中間位置を②，最下流の位置を③とする．位置①における位置ヘッド z_1，圧力ヘッド $p_1/(\rho g)$，速度ヘッド $V_1{}^2/(2g)$，位置②における位置ヘッド z_2，圧力ヘッド $p_2/(\rho g)$，速度ヘッド $V_2{}^2/(2g)$，また，位置③についても同様に記号を定める．ここで，位置ヘッドは $z_1 = z_2 = z_3$ である．

連続の式からわかるように，管内の断面積が大きいところは速度が小さくなり，断面積が小さいところでは速度が大きくなる．ベルヌーイの定理から全ヘッド H は同じ値なので，位置①では，断面積が大きいため，速度ヘッドが小さくなり，圧力ヘッドが大きくなる．また，位置②では，位置①に比べ断面積が小さくなり，流速が増すので，図のように速度ヘッドが大きくなり，圧力ヘッドが減少する．位置②から下流にいくにつれ断面積が徐々に増大し，位置③では断面積 A_3 が位置②の断面積 A_2 よりも大きくなるため，流速の減少に対応して速度ヘッドが減少し，その分だけ圧力ヘッドが回復する．

例題 ● 4.4

図 4.11 のように，直径が 1000 mm から 900 mm に縮小する鉛直に置かれた管内を水が鉛直下方に流れている．流量が 600 m³/min のとき，上流側の圧力計が 300 kPa であれば，それより鉛直下方 1 m の位置に設置されている圧力計の圧力はいくらか．ただし，粘性は無視する．

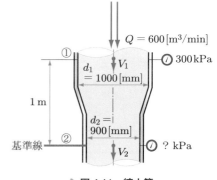

▶ **図 4.11 縮小管**

解答 --- 下方の圧力計の位置に基準線をとる．この位置を②，上方の位置を①としよう．題意より，ベルヌーイの定理が適用できることがわかる．よって，式 (4.7) より

$$\frac{V_1{}^2}{2g} + \frac{p_1}{\rho g} + z_1 = \frac{V_2{}^2}{2g} + \frac{p_2}{\rho g} + z_2$$

が得られる．さらに上式を変形すれば，次のようになる．

$$\frac{p_2}{\rho g} = \frac{p_1}{\rho g} + z_1 - z_2 + \frac{V_1{}^2}{2g} - \frac{V_2{}^2}{2g}$$

$$= \frac{p_1}{\rho g} + z_1 - z_2 + \frac{V_1{}^2}{2g}\left[1 - \left(\frac{V_2}{V_1}\right)^2\right] \tag{1}$$

上式中の $z_1 - z_2$ は $z_1 - z_2 = 1\,[\mathrm{m}]$ で，$p_1/(\rho g)$ の値は次のように求められる．

$$\frac{p_1}{\rho g} = \frac{300\,[\mathrm{kPa}]}{1000\,[\mathrm{kg/m^3}] \times 9.8\,[\mathrm{m/s^2}]} = \frac{300\,[\mathrm{kg/ms^2}]}{9.8\,[\mathrm{kg/s^2m^2}]} = 30.6\,[\mathrm{m}]$$

次に，流量 Q は連続の式（式 (4.2)）より

$$Q = A_1 V_1 = A_2 V_2$$

なので，上式より

$$\frac{V_2}{V_1} = \frac{A_1}{A_2} = \left(\frac{d_1}{d_2}\right)^2 = \left(\frac{10}{9}\right)^2 = 1.234, \quad \left(\frac{V_2}{V_1}\right)^2 = (1.234)^2 = 1.52$$

$$V_1 = \frac{Q}{\pi d_1{}^2/4} = \frac{600\,[\mathrm{m^3/(60\,[s])}]}{\pi\,[\mathrm{m^2}]/4} = \frac{40}{\pi}\,[\mathrm{m/s}]$$

$$\frac{V_1{}^2}{2g} = \frac{(40/\pi\,[\mathrm{m/s}])^2}{2 \times 9.8\,[\mathrm{m/s^2}]} = 8.28\,[\mathrm{m}]$$

となる．以上のようにして求めた数値を式 (1) に代入すると，

$$\frac{p_2}{\rho g} = 30.6\,[\mathrm{m}] + 1\,[\mathrm{m}] + 8.28\,[\mathrm{m}] \times (1 - 1.52) = 27.3\,[\mathrm{m}]$$

が得られる．よって，下流側の圧力計のゲージ圧 p_2 は，

$$p_2 = 27.3\,[\mathrm{m}] \times \rho g = 27.3\,[\mathrm{m}] \times 1000\,[\mathrm{kg/m^3}] \times 9.8\,[\mathrm{m/s^2}]$$

$$= 267.5 \times 10^3\,[\mathrm{Pa}] = 268\,[\mathrm{kPa}]$$

と求められる．

4.6 管の先端が大気に開放されている場合

次に，図 4.12 に示すような，水槽の横に断面積が一定の管が取り付けられ，その管が上方に曲がり，管の先端から水が噴出する場合について考えてみよう．

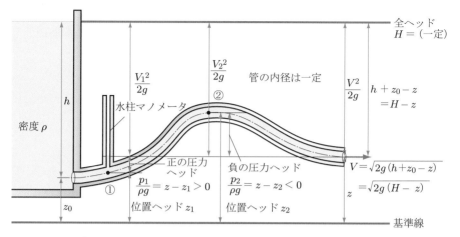

▶ **図 4.12　ベルヌーイの定理の応用（上方に曲がった管の場合）**

　水は実際には粘性があるが，ここでは非粘性流体と仮定して考える．管先端は大気に開放されているので，ゲージ圧で考えれば圧力ヘッドが 0 である．したがって，管先端における全ヘッド H は $V^2/(2g) + z$ なので，これが水槽の全ヘッド $z_0 + h$ と一致しなければならない．したがって，ベルヌーイの定理より次式が与えられる．

$$\frac{V^2}{2g} + z = z_0 + h = H$$

$$\therefore\; V = \sqrt{2g(z_0 + h - z)} = \sqrt{2g(H - z)} \tag{4.8}$$

　この管の内径が一定であるから，図の位置①と②における速度ヘッドが管端における速度ヘッドと同じ値なので，式 (4.7) より，全ヘッド H の値は次式となる．

$$H = \frac{V_1^2}{2g} + \frac{p_1}{\rho g} + z_1 = \frac{V_2^2}{2g} + \frac{p_2}{\rho g} + z_2 = \frac{V^2}{2g} + z$$

ここで，管内断面積が同じ値なので，連続の式から $V_1 = V_2 = V$ が成立する．したがって，上式から $p_1/(\rho g) = z - z_1$，$p_2/(\rho g) = z - z_2$ が得られる．すなわち，$p_1/(\rho g)$ および $p_2/(\rho g)$ が，位置ヘッドの差 $z - z_1$ および $z - z_2$ と同じ値になることがわかる．

　位置②では，図のように位置ヘッド z_2 が z よりも大きいので，圧力ヘッド $p_2/(\rho g)$ が負になる．このような圧力ヘッドが負の箇所に空気が入り込むと，ここで流れが途切れ，管の先端から噴流が流れ出なくなってしまう．位置②を固定した状態で，管の先端を上方へ上げていけば z が増大するので，式 (4.8) よりわかるように，流出速度が減少する．管の先端を下げていけば z が小さくなるので流出速度が増大する．

4.7 トリチェリの定理

　図 4.13 に示すように，大きな水槽の下方に開けられた小穴から水が噴出している場合について考えてみよう．小穴と水面との高さの差を h とし，水の粘性による損失は無視できるものとして，小穴から噴出する水の速度 V を求めてみる．

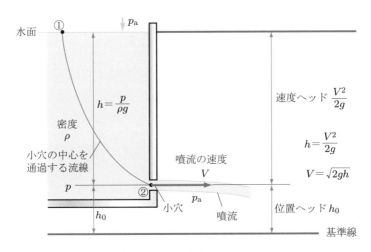

▶ **図 4.13　トリチェリの定理**

　まず，基準線を水平にとり，基準線から小穴までの高さを h_0 とする．水面から小穴の中心を通る 1 本の流線を考える．水面の位置を①，小穴の中心の位置を②とする．①では流速が 0 なので速度ヘッドが 0，圧力をゲージ圧で考えれば圧力ヘッドも 0，したがって，全ヘッドは位置ヘッド $h + h_0$ のみで与えられる．位置②では速度ヘッド $V^2/(2g)$，位置ヘッドは h_0 なので，ベルヌーイの定理より次式が与えられる．

$$h + h_0 = \frac{V^2}{2g} + h_0$$

$$\therefore\ V = \sqrt{2gh} \tag{4.9}$$

これを**トリチェリの定理**という．

例題 ● 4.5

　図 4.14 のように，水槽（タンク）の下面に直径 20 mm の小さな円形の穴が開けられている．この水槽にバルブを開きながら上方から水を供給していく．バルブを開いていくと，水槽の水面が上昇していき，水槽の下面から 1 m の位置で水面の高さは一定になった．このときバルブから流れ出る水の流量 Q はいくらか．ただし，水の粘性は無視する．

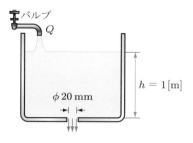

▶図 4.14　水槽からの流出

解答 --- トリチェリの定理によれば，小穴から流出する水の速度 V は式 (4.9) より

$$V = \sqrt{2 \times 9.8\,[\mathrm{m/s^2}] \times 1\,[\mathrm{m}]} = 4.43\,[\mathrm{m/s}]$$

となるので，小穴から流出する流量 Q は

$$Q = \frac{\pi \times (0.02\,[\mathrm{m}])^2}{4} \times 4.43\,[\mathrm{m/s}] = 0.00139\,[\mathrm{m^3/s}] = 1.39\,[\mathrm{L/s}]$$

となる．これが水槽上方から供給される水量とつり合っているのである．

演習問題

4.1　水平に置かれた円管内を $20^{\circ}\mathrm{C}$ の水が平均流速 $3\,\mathrm{m/s}$ で流れているとき，管内径が $1/2$ に縮小する下流管での流速を求めよ．ただし，$20^{\circ}\mathrm{C}$ の水の密度は $\rho = 998.2\,[\mathrm{kg/m^3}]$，重力加速度は $g = 9.81\,[\mathrm{m/s^2}]$ とする．

4.2　水平に置かれた円管内を $20^{\circ}\mathrm{C}$ の水が平均流速 $3\,\mathrm{m/s}$，圧力 $10\,\mathrm{kPa}$（ゲージ圧）で流れているときの速度ヘッド，圧力ヘッドを求めよ．ただし，$20^{\circ}\mathrm{C}$ の水の密度は $\rho = 998.2\,[\mathrm{kg/m^3}]$，重力加速度は $g = 9.81\,[\mathrm{m/s^2}]$ とする．

4.3　演習問題 4.1 において，下流管における圧力 p_2 は上流管における圧力 p_1 に比べてどのように変化するか．ただし，$20^{\circ}\mathrm{C}$ の水の密度は $\rho = 998.2\,[\mathrm{kg/m^3}]$ とする．

4.4　図 4.8(b) のような水鉄砲において，水柱マノメータに相当するガラス管内の水柱の高さが $1\,\mathrm{m}$ のとき，水鉄砲内の圧力はゲージ圧でいくらか．ただし，$20^{\circ}\mathrm{C}$ の水の密度は $\rho = 998.2\,[\mathrm{kg/m^3}]$，重力加速度は $g = 9.81\,[\mathrm{m/s^2}]$ とする．

4.5　図 4.15 に示すような，絞りを設けた縮小拡大管内を水が流れている．$d_1 = 10\,[\mathrm{cm}]$，$d_2 = 5\,[\mathrm{cm}]$ とする．この管内を流れる流量が $Q = 0.03\,[\mathrm{m^3/s}]$ のとき，U字管マノメータで圧力を測定したら，水銀柱の高さの差 h はいくらになるか．ただし，水銀の比重は 13.6 とし，流れの摩擦はないものとする．

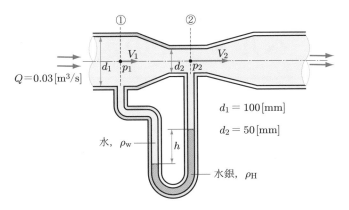

▶ **図 4.15 縮小拡大管内流れ**

4.6 図 4.16 に示すように，水飲み用ノズルから水が噴出している．噴出口付近での水圧が 1 kPa のとき，噴出高さ H はいくらか．

▶ **図 4.16 水飲み用ノズル**

5_章 ベルヌーイの定理の応用

ベルヌーイの定理は非粘性流体の流れに対する定理であるが，粘性のある実際の流れにも適用できる．現在，実際の流速や流量は，ベルヌーイの定理から得られる理論式に補正係数をかけることによって計測されている．

本章では，代表的な計測デバイスであるピトー管，オリフィス，ベンチュリ管による流速や流量の測定原理について学ぼう．

5.1 ピトー管

図 5.1 は，フランスの土木技師ピトー (Henri de Pitot, 1695–1771) が発明した**ピトー管**による流速測定の原理を説明している．川の流れの流速を測定するのに，L 字状に曲げたガラス管（ピトー管）を水流の中に入れる．ピトー管の先端②と水平の位置関係にある点①において，流速が V，**静圧**が p_s であるとする．水流がピトー管の先端②でせき止められるので，その点では圧力 p_t が増大し，ガラス管内の水を高さ $p_\mathrm{t}/(\rho g)$ まで押し上げる．点①とピトー管の先端②は同じ流線上にあるので，その間にベルヌーイの定理を適用してみよう．点①における全ヘッドは $p_\mathrm{s}/(\rho g) + V^2/(2g)$ である．点②では流速が 0，すなわち速度ヘッドが 0 であるから，圧力ヘッド $p_\mathrm{t}/(\rho g)$ のみとなる．したがって，次式が成立する．

$$\frac{p_\mathrm{s}}{\rho g} + \frac{V^2}{2g} = \frac{p_\mathrm{t}}{\rho g}$$

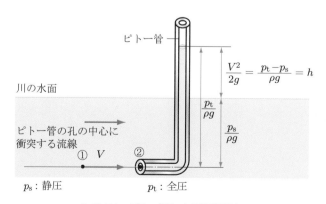

▶ **図 5.1 ピトー管による流速測定**

両辺に ρg をかけると，

$$p_\mathrm{t} = p_\mathrm{s} + \frac{\rho V^2}{2} \tag{5.1}$$

が得られる．ここで，$\rho V^2/2$ を**動圧**，p_t を**全圧**という．図に示すように，ピトー管内を上昇する水柱の水面からの高さ h は $p_\mathrm{t}/(\rho g) - p_\mathrm{s}/(\rho g)$ であり，これが速度ヘッド $V^2/(2g)$ に相当する．したがって，この高さ $h = p_\mathrm{t}/(\rho g) - p_\mathrm{s}/(\rho g)$ を測れば，流速は式 (5.1) より次式のように求められる．

$$V = \sqrt{\frac{2(p_\mathrm{t} - p_\mathrm{s})}{\rho}} \tag{5.2}$$

実際の水には粘性があるので，**ピトー管係数** ζ をかけて

$$V = \zeta \sqrt{\frac{2(p_\mathrm{t} - p_\mathrm{s})}{\rho}} \tag{5.3}$$

で求める．ピトー管係数は，あらかじめ校正実験を行って求めておく．

以上は，水流の流速の測定について説明したが，ピトー管はたとえば飛行機の飛行速度の測定など，気流の速度の測定にも広く利用されている．

例題 ● 5.1

水路の流速を図 5.1 に示したようなピトー管で測定したところ，ピトー管内の水位は水路の水面から 5 cm であった．ピトー管係数を 1.0 として，流速を求めよ．

解答 --- 式 (5.3) を少し変形する．

$$V = \zeta \sqrt{\frac{2(p_\mathrm{t} - p_\mathrm{s})}{\rho}} = \zeta \sqrt{\frac{2g(p_\mathrm{t} - p_\mathrm{s})}{\rho g}}$$

上式中の $(p_\mathrm{t} - p_\mathrm{s})/(\rho g)$ は動圧ヘッドであり，これが 5 cm ($= 0.05$ [m]) なので，次のように求められる．

$$V = 1.0 \times \sqrt{2 \times 9.8 \,[\mathrm{m/s^2}] \times 0.05 \,[\mathrm{m}]} = 0.990 \,[\mathrm{m/s}] = 99 \,[\mathrm{cm/s}]$$

5.2 ▷ オリフィス，ノズルによる流量測定の原理

流量測定には，**オリフィス**と**ノズル**がしばしば使用される．これらの形状は，簡単にいえば，円板の中央に穴を開けたものであるが，穴の形状には図 5.2 に示すように違いがある．ノズルは，流入側の穴の角部に丸み (R) が付けられているので，流れが穴の内径 d いっぱいを満たして流出する．しかし，オリフィスは，角部（エッジ）が

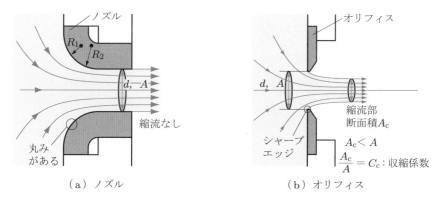

（a）ノズル   （b）オリフィス

▶図 5.2 ノズルとオリフィスの流れ

鋭く（シャープエッジ，角部の角度は $90°$ に）製作されているので，流れがそこから
はがれてしまう．そして，流線の曲がりによる遠心力が作用するので，オリフィス穴
より少し下流で噴流断面積が最小になる．このように，噴流断面積が下流に向かって
減少する現象を**縮流**という．断面積が最小のところは縮流部といい，縮流部の断面積
を A_c，オリフィス穴の断面積を $A = \pi d^2/4$ としたとき，次式で与えられる係数を**収
縮係数**という．

$$\frac{A_c}{A} = C_c \tag{5.4}$$

　タンクの横や，底の小穴に取り付けられたオリフィスをタンクオリフィスといい，
その例を図 5.3 に示す．タンクオリフィスによる流量測定について考えよう．実際の
流れには粘性があるので，粘性による流出速度の減少が生じる．そこで，ベルヌーイ
の定理から得られる流速 V を理論値と考え，実際の噴流の速度 V_c は理論値 V に**速度
係数** C_v をかけて求める．速度係数 C_v は，理論値に対する噴流の速度の比で，次式で
定義される．

$$C_v = \frac{V_c}{V} \tag{5.5}$$

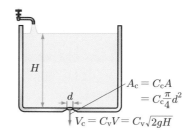

▶図 5.3 タンクオリフィスによる流量測定

水面からオリフィス穴の中心までの鉛直方向の高さが H であれば，噴流の理論流速 V はトリチェリの定理（式 (4.9)）より $V = \sqrt{2gH}$ なので，流量 Q は

$$Q = A_\mathrm{c} V_\mathrm{c} = C_\mathrm{c} A C_\mathrm{v} V = C_\mathrm{c} C_\mathrm{v} A V = C \frac{\pi d^2}{4} \sqrt{2gH} \tag{5.6}$$

となる．ここで，$C = C_\mathrm{c} C_\mathrm{v}$ は**流量係数**といい，実験的に求められている．

次に，円管内の流量を測定するために管内に取り付けられた，管内オリフィスの場合を考えよう．

図 5.4 は，管内オリフィス前後の流線の様子を示している．管の中心を通る流線上で，オリフィス上流側の流れが管内いっぱいに流れている位置を①，縮流部の位置を②とする．位置①の流速を V_1，圧力を p_1，位置②における流速を V_2，圧力を p_2 とする．理想流体の流れと仮定すれば，ベルヌーイの定理が適用できる．そこで，ベルヌーイの定理と連続の式から連立方程式を作り，次のように速度を求めてみる．式 (4.7) より

$$\frac{V_1{}^2}{2g} + \frac{p_1}{\rho g} = \frac{V_2{}^2}{2g} + \frac{p_2}{\rho g} \tag{5.7}$$

が，また，連続の式（式 (4.2)）より

$$Q = A_1 V_1 = A_\mathrm{c} V_2 \tag{5.8}$$

が成立する．ただし，管の断面積を $A_1 = \pi D^2/4$，縮流部②の断面積を A_c とする．

式 (5.7)，(5.8) から V_1 を消去すれば，次式が得られる．

$$V_2 = \frac{1}{\sqrt{1 - (A_\mathrm{c}/A_1)^2}} \sqrt{\frac{2(p_1 - p_2)}{\rho}} \tag{5.9}$$

式 (5.9) は理想流体の流れの場合であるが，実際は粘性があるので，オリフィス穴を通過する実際の流速 V_c は，理論値 V_2 に速度係数 C_v をかけて $V_\mathrm{c} = C_\mathrm{v} V_2$ になる．

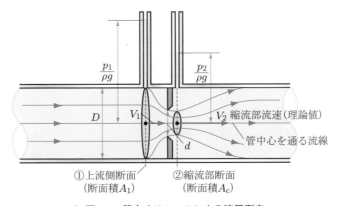

▶ **図 5.4　管内オリフィスによる流量測定**

一方，縮流部断面積 A_c は，オリフィス穴の断面積 $A = \pi d^2/4$ に収縮係数 C_c をかけて $A_c = C_c A = C_c \pi d^2/4$ で与えられる.

絞り直径比 $\beta = d/D$ とすれば，$A/A_1 = \beta^2$ なので，式 (5.9) 中の $A_c/A_1 = C_c A/A_1 = C_c \beta^2$ となり，実際の流量 Q は次式のようにして求められる.

$$Q = A_c V_c = C_c A C_v V_2 = \frac{C_v C_c A}{\sqrt{1 - (C_c \beta^2)^2}} \sqrt{\frac{2(p_1 - p_2)}{\rho}}$$

管内オリフィスの場合の流量測定には，流量係数 $\alpha = C_v C_c/\sqrt{1 - (C_c \beta^2)^2}$ を用いて，流量を次式で計算する.

$$Q = \alpha \frac{\pi d^2}{4} \sqrt{\frac{2(p_1 - p_2)}{\rho}} \tag{5.10}$$

流量係数 α は，管レイノルズ数 $Re = DV/\nu$ と β の値によって変化する. オリフィスは JIS 規格を参考に設計する. オリフィスを JIS 規格どおりに製作した場合には，α の値は β と Re に対する数値で与えられ，表で示されているので，それを利用するとよい.

例題 ● 5.2

図 5.3 に示したようなタンクオリフィスがある. 底のオリフィス穴の直径は 20 mm である. タンクの水深を測ったら 1.5 m であった. このときの流出水量が 1.5 L/s のとき，オリフィスの流量係数 C はいくらか.

解答－－－ オリフィスの流量係数 C は，式 (5.6) より次式で与えられる.

$$C = \frac{Q}{(\pi d^2/4)\sqrt{2gH}}$$

上式の分母は理論流量なので，まずこの値を求めよう. ここで，H は水柱ヘッド（水深）で 1.5 m である. したがって，

$$\begin{aligned}
理論流量 &= \frac{\pi d^2}{4}\sqrt{2gH} \\
&= \frac{\pi (0.02\,[\mathrm{m}])^2}{4}\sqrt{2 \times 9.8\,[\mathrm{m/s^2}] \times 1.5\,[\mathrm{m}]} \\
&= \pi \times 10^{-4}\,[\mathrm{m^2}] \times 5.42\,[\mathrm{m/s}] = 1.70 \times 10^{-3}\,[\mathrm{m^3/s}] = 1.7\,[\mathrm{L/s}]
\end{aligned}$$

ゆえに，流量係数 C は次のように求められる.

$$C = \frac{1.5\,[\mathrm{L/s}]}{1.7\,[\mathrm{L/s}]} = 0.882$$

　流量測定には，図 5.5 に示すような**ベンチュリ** (Giovanni Battista Venturi, 1746–1822) **管**という縮小拡大管がしばしば使用される．縮小部はスロート部という．いま，この流れが理想流体の流れであると仮定して流量を求めてみよう．

　ベンチュリ管を 1 本の流管と考え，ベンチュリ管の中央を通過する流線上の断面①と，スロート部の断面②のところにベルヌーイの定理を適用する．この式と連続の式とを連立させて，スロート部の流速を求める．ベルヌーイの定理は式 (4.7) で与えられ，連続の式は式 (4.2) で与えられるので，断面②における流速は式 (5.9) 中の A_c を A_2 に置き換えたものになる．

　以上は，理想流体の流れと仮定した場合であるが，実際の流れでは粘性による摩擦損失のため速度が減少する．ベンチュリ管ではオリフィスの場合のような縮流が生じないが，流量 Q は流量係数 C を用いて次のように計算する．

$$Q = CA_2V_2 = \frac{CA_2}{\sqrt{1 - (A_2/A_1)^2}} \sqrt{\frac{2(p_1 - p_2)}{\rho}} \tag{5.11}$$

ここで，C の値は，通常 1 よりも少し小さい値である．

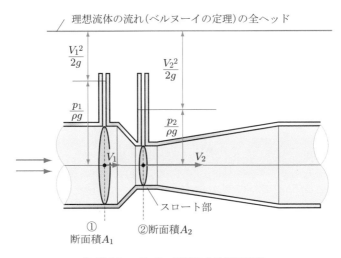

▶**図 5.5　ベンチュリ管による流量測定**

例題 ● 5.3

　図 5.6 に示すようなベンチュリ管がある．U 字管マノメータで圧力を測定したら，水銀柱の高さの差が $h = 100$ [mm] であった．このときの流量はいくらか．ただし，水銀の比重は 13.6 とし，流量係数は 0.98 とする．

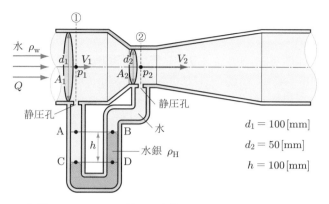

$d_1 = 100 \,[\text{mm}]$

$d_2 = 50 \,[\text{mm}]$

$h = 100 \,[\text{mm}]$

▶ 図 5.6　ベンチュリ管と U 字管マノメータによる流量測定

解答－－－ 図のようにベンチュリ管の直径が d_1 のところと，スロート部（直径 d_2）のところの管壁に静圧孔が開けられており，それが U 字管マノメータにつながっている．図に示すように，U 字管における点 A と点 B，点 C と点 D は互いに水平位置にある．これらの点における圧力をそれぞれ p_A, p_B, p_C, p_D と書くことにする．ベンチュリ管の中央を通る流線上の管断面①と②における静圧をそれぞれ p_1 および p_2 とし，水銀の密度を ρ_H，水の密度を ρ_w とする．ここで，点①と点 A の水柱が点②と点 B の水柱と同じ高さなので，$p_1 - p_2 = p_A - p_B$ の関係が成立する．また，2.4 節の液柱圧力計で述べたように，次式の関係が成立する．

$$p_C = p_D$$

$p_C = p_A + \rho_w gh$ の関係より　$p_A = p_C - \rho_w gh$

$p_D = p_B + \rho_H gh$ の関係より　$p_B = p_D - \rho_H gh$

よって，

$$p_1 - p_2 = p_A - p_B = (p_C - \rho_w gh) - (p_D - \rho_H gh)$$
$$= \rho_w \cdot gh \left(\frac{\rho_H}{\rho_w} - 1 \right) = \rho_w \cdot gh(13.6 - 1) = 12.6 \rho_w \cdot gh$$
$$\therefore \ \frac{p_1 - p_2}{\rho_w} = 12.6 gh$$

管断面①，②の面積をそれぞれ A_1, A_2 とすれば，A_2 と A_2/A_1 の値は次のようになる．

$$A_2 = \frac{\pi d_2{}^2}{4} = 0.00196 \,[\text{m}^2], \quad \frac{A_2}{A_1} = \left(\frac{d_2}{d_1} \right)^2 = \frac{1}{4}$$

これらの値を式 (5.11) に代入すれば，流量が次のように得られる．

$$Q = \frac{C A_2}{\sqrt{1 - (A_2/A_1)^2}} \sqrt{\frac{2(p_1 - p_2)}{\rho_w}}$$

$$= \frac{0.98 \times 0.00196\,[\text{m}^2] \times \sqrt{2 \times 12.6 \times 9.8\,[\text{m/s}^2] \times 0.1\,[\text{m}]}}{\sqrt{1 - (1/16)}}$$

$$= 0.00986\,[\text{m}^3/\text{s}] = 9.86\,[\text{L/s}]$$

1 分間あたりの流量で示せば，$0.592\,\text{m}^3/\text{min}$ である.

- -

5.1 図 5.1 において，ピトー管の水柱の，川の水面からの高さが $h = 204\,[\text{mm}]$ であった．川の流速 V を求めよ．ただし，ピトー管係数は 1，重力加速度は $g = 9.81\,[\text{m/s}^2]$ とする.

5.2 図 5.7 に示すように，水平に置かれた円管（内径 d）の中心線上にピトー管が設けられ，U 字管マノメータが取り付けられている．定常流の流れとして，U 字管マノメータの読みが $h\,[\text{m}]$ のときの中心線上の流速 u_1 を求めよ．ここに，$\rho\,[\text{kg/m}^3]$ は管内を流れている流体の密度，$\rho'\,[\text{kg/m}^3]$ は U 字管マノメータ内の測定用液体の密度，$g\,[\text{m/s}^2]$ は重力加速度である．ただし，ピトー管係数を 1 とする.

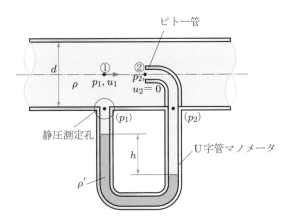

▶ **図 5.7 ピトー管と U 字管マノメータによる流量測定**

5.3 演習問題 5.2 において，円管内を流れている流体が水で，U 字管マノメータ内の測定用液体が水銀のとき，$h = 370\,[\text{mm}]$ であった．このときの流速 u_1 を計算せよ．ただし，水銀の比重は 13.6 である.

5.4 図 5.8 のように，オリフィス（穴径 $d = 40\,[\text{mm}]$）が取り付けられている管路（内径 $D = 100\,[\text{mm}]$）内に水が流れている．オリフィスの上流側圧力 p_1 と下流側縮流部の圧力 p_2 を測定するため，円管路の下側に取り付けられた U 字管マノメータにおいて，測定用水銀柱の高さの差が $h = 260\,[\text{mm}]$ であった．管路内を流れている水の流量 Q を求めよ．ただし，水銀の比重は 13.6，オリフィスの速度係数 $C_v = 0.980$，収縮係数 $C_c = 0.618$ とする.

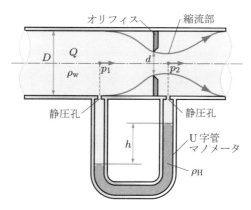

オリフィス　縮流部

D　Q　d

ρ_w　p_1　p_2

静圧孔　静圧孔

h

U 字管
マノメータ

ρ_H

▶**図 5.8　管内オリフィスと U 字管マノメータによる流量測定**

5.5　図 5.5 に示されているベンチュリ管内に水が流れているとき，水柱マノメータの差が $h = 400 \,[\mathrm{mm}]$ であった．このときの流量 Q を求めよ．ただし，入口管内径 $d_1 = 120 \,[\mathrm{mm}]$，スロート部の内径 $d_2 = 60 \,[\mathrm{mm}]$，流量係数 $C = 0.98$，重力加速度 $g = 9.81 \,[\mathrm{m/s^2}]$ とする．

6章 運動量の法則とその応用

運動量の法則は，物体の運動を解くときによく用いられる．本章では，この法則の流体流れへの適用を考えよう．機械部品を設計するときや，流体力学をさらに深く学ぶときなど，運動量の法則がしばしば利用される．また，この法則は，その原理に基づいて考えればわかるように，流れが層流であっても乱流であっても，同じように用いることができるので便利である．

6.1 運動量と力積

質量 m の物体が速度 V で運動しているとき，質量と速度の積 mV を**運動量**という．質量 m は大きさのみをもつ物理量で，単位は前に述べたように [kg] で与えられる．速度 V は大きさと方向をもつベクトル量で，単位は [m/s] で与えられる．したがって，運動量 mV は速度と同じ方向をもつベクトル量で，単位は [kg·m/s] で与えられる．質量 m の物体が速度 V_1 で運動しているとき，図 6.1 に示すように，力 F がはたらく場合を考えてみよう．

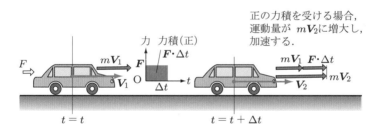

（a）力が物体の運動方向に加わる場合

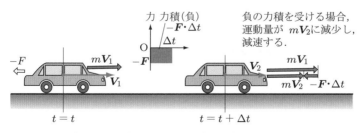

（b）力が物体の運動とは逆方向に加わる場合

▶ 図 6.1 運動量と力積

ニュートンの運動学第2法則より，加速度を $\boldsymbol{\alpha}$ とすれば，

$$m\boldsymbol{\alpha} = \boldsymbol{F} \tag{6.1}$$

$$\boldsymbol{\alpha} = \frac{\boldsymbol{V}_2 - \boldsymbol{V}_1}{\Delta t} \tag{6.2}$$

が成り立つ．ここで，$\boldsymbol{V}_1$ はある時刻 t における速度，$\boldsymbol{V}_2$ はその時刻から微小時間 Δt 後の時刻 $t + \Delta t$ における速度である．式 (6.1) と (6.2) から，次式が得られる．

$$m\boldsymbol{V}_2 = m\boldsymbol{V}_1 + \boldsymbol{F}\Delta t$$

ここで，$\boldsymbol{F}\Delta t$ を**力積**という．図 (a) に示すように，力 $\boldsymbol{F}$ を運動方向に加えれば，$\boldsymbol{F} > 0$ なので力積は $\boldsymbol{F}\Delta t > 0$ になり，物体が加速され，運動量 $m\boldsymbol{V}_2$ が $m\boldsymbol{V}_1$ よりも増大する．しかし，図 (b) に示すように，運動方向とは逆方向に力 $\boldsymbol{F}$ が加えられれば，$\boldsymbol{F} < 0$ なので力積は $\boldsymbol{F}\Delta t < 0$ になり，運動量 $m\boldsymbol{V}_2$ が $m\boldsymbol{V}_1$ よりも減少し，物体が減速する．ここで，$\Delta t = 1$ [s] にとると，

$$m\boldsymbol{V}_2 - m\boldsymbol{V}_1 = \boldsymbol{F} \tag{6.3}$$

となり，「**1秒間の運動量の変化は外力に等しい**」といえる．次節では，式 (6.3) の関係を定常な流体の流れの場合に適用して，物体にはたらく力を求めてみよう．

6.2 ▷ 運動量の法則

図 6.2 のような1本の流管を考える．上流側の断面①，下流側の断面②を任意にとり，断面①と②に挟まれた流管内の流体部分を**検査体積**とする．図 6.3 は，$t = t_0$ において設定された検査体積部分の流体（(a) に示す）が1秒後にどこまで移動し，流体がもっている運動量の変化はどのような式で表すことができるのかについて説明した図である．$t - t_0$ において断面①上にあった流体は，$t - t_0 + 1$ [s] におけるそこでの

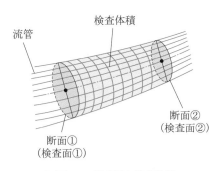

流管 検査体積

断面②
（検査面②）

断面①
（検査面①）

▶ **図 6.2　検査面と検査体積**

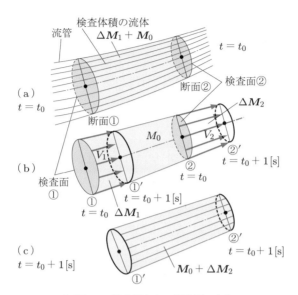

▶図6.3　検査面からの運動量の出入

流速 V_1 に対応して，図6.3(b) に示すように，断面①′へ移動する．また，断面②上にあった流体は，そこでの流速 V_2 に対応して断面②′へと移動する．ここで，断面①と①′間の流体がもっている運動量を ΔM_1，断面①′と②間の流体の運動量を M_0，断面②と②′間の流体の運動量を ΔM_2 とする．したがって，$t = t_0$ [s] において検査体積の流体がもっていた運動量 $M_0 + \Delta M_1$ が，$t = t_0 + 1$ [s] では図 (c) に示すように，$M_0 + \Delta M_2$ に変化したことになる．ゆえに，この部分の流体の1秒間における運動量の変化は，次のようになる．

$$(M_0 + \Delta M_2) - (M_0 + \Delta M_1) = \Delta M_2 - \Delta M_1$$

以上のことを言い換えれば，$t = t_0$ において断面①と②に**検査面①と②**を設定し，検査面の位置を固定して考えたとき，ΔM_1 は上流側検査面①を通って流入する運動量，ΔM_2 は下流側検査面②を通過して流出する運動量である．したがって，運動量の法則を流体の流れに適用する場合には，次のようにすればよいことがわかる．

(1) **検査面を設ける.**

(2) **下記の運動量の式を適用する.**

$$\Delta M_2 - \Delta M_1 = F \tag{6.4}$$

式 (6.4) を言葉で言い換えれば，次のようである．

$$\begin{pmatrix} 検査面から1秒間に \\ 流出する運動量 \end{pmatrix} - \begin{pmatrix} 検査面へ1秒間に \\ 流入する運動量 \end{pmatrix} = \begin{pmatrix} 検査体積内の流体に \\ はたらく外力 \end{pmatrix}$$

　流れが定常であれば，どのような場合でも（層流でも乱流でも）この運動量の法則が適用できるので，物体が流体から受ける力を計算する場合によく使用される．次に運動量の法則の応用例を述べよう．

6.3 ▷ 運動量の法則の応用

6.3.1 ▶▶ 円形断面の噴流が静止円板に衝突する場合

　図 6.4 に示すように，直径 d の円形断面の液体の噴流が静止円板に衝突するとき，噴流方向に x 軸をとり，円板が受ける x 方向の力を求めてみよう．噴流が円板に衝突した後は，円板の半径 r 方向に液体が流れ，重力が無視できれば，図 6.5(a) に示すように，円周上均一に半径方向に流出する．液膜の厚さが周方向に均一で，半径に反比例して減少する．図 (a)，(b) のように，検査面を円板に固定してとり，流体の粘性摩擦を無視して考察する．

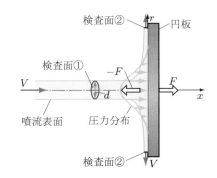

▶ **図 6.4　円板に衝突する円形断面の噴流**

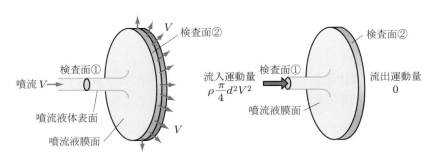

（ａ）噴流の流出方向の変化　　　　　（ｂ）噴流の運動量変化

▶ **図 6.5　静止円板に衝突する液体噴流の広がり**

まず，円板面上の圧力分布を考えてみる．図 6.4 のように，下流にいくにつれて，噴流内の流線は円板に平行になるまで曲げられる．そのため，遠心力の発生により円板中心では圧力が最大になるので，図のような圧力分布を示す．円板にはたらく力 F はこの圧力によって生じるので，この力の方向は噴流の流れ方向に一致する．逆に，流体が円板から受ける反力 $-F$ はこれと反対方向になる．

式 (6.4) の運動量と力はベクトルなので，これらを半径方向成分と x 軸方向成分に分解して，運動量の式を適用する．半径方向に流入する運動量は 0 であり，流出する運動量も 0 である．なぜなら，液体が周方向に均一に半径方向へ流出するので，符号を考慮すれば流出運動量が正負互いに差し引き合い，結局 0 になるからである．したがって，x 方向の運動量の式のみを考えればよいことがわかる．

x 軸方向についての運動量の法則は，図 6.5(b) に示すとおりである．検査面②から x 方向に流出する運動量は 0 で，検査面①から流入する運動量は $\rho(\pi d^2/4)V^2$ であるので，次式が得られる．

$$0 - \rho\frac{\pi d^2}{4}V^2 = -F$$

$$\therefore\ F = \rho\frac{\pi d^2}{4}V^2$$

したがって，円板には噴流の噴出方向に $\rho(\pi d^2/4)V^2$ の力がはたらくことがわかる．

例題 ● 6.1

図 6.6 に示すように，速度 V でノズルから噴出する直径 d の水の円形噴流が，速度 U で移動している平板に衝突するとき，平板が受ける力 F を求めよ．

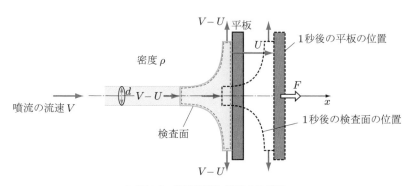

▶ **図 6.6　移動平板に衝突する噴流**

解答 --- 検査面を移動平板に固定して考える．図 6.6 に示すように，検査面に流入する流速は $V-U$ である．6.3.1 項で述べたことからわかるように，x 軸方向の運動量の変化のみを考えればよい．検査面から x 方向に流出する運動量は 0，流入する運動量が $\rho Q(V-U)$

である. ここで, $Q = \pi(V - U)d^2/4$ である. したがって, 次のようになる.

$$0 - \rho Q(V - U) = -F$$

$$\therefore\ F = \rho Q(V - U) = \rho\frac{\pi(V - U)^2 d^2}{4}$$

- -

例題 ● 6.2

図 6.7 のような円形断面の水の噴流が, 静止円錐体に衝突している. 円錐体の半頂角 $\theta = 30°$, 噴流の流速 $V = 10\ [\mathrm{m/s}]$, 噴流の直径 $d = 30\ [\mathrm{mm}]$, 水の密度 $\rho = 1000\ [\mathrm{kg/m^3}]$ であるとする. このとき円錐体が受ける力 F を求めよ.

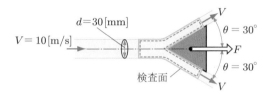

▶ **図 6.7　円錐体に衝突する噴流**

解答 - - -　図のように, 検査面を円錐体に固定してとる. 検査面に流入する噴流の流量 Q は, $Q = (\pi d^2/4)V$ で, 流出する流量も同じ値である. したがって, 運動量の法則から次のように求められる.

$$\rho Q V \cos\theta - \rho Q V = -F$$

$$\therefore\ F = \rho Q V(1 - \cos\theta) = \rho\frac{\pi d^2}{4}V^2(1 - \cos\theta)$$

$$= 1000\ [\mathrm{kg/m^3}] \times \frac{\pi(0.03\ [\mathrm{m}])^2}{4} \times (10\ [\mathrm{m/s}])^2 \times (1 - \cos 30°)$$

$$= 70.69 \times (1 - 0.866)\ [\mathrm{kg \cdot m/s^2}] = 9.47\ [\mathrm{N}]$$

- -

6.3.2 ▶▶ 二次元噴流が傾斜平板に衝突する場合

図 6.8 に示すように, 二次元スリットから水が噴流となって噴出し, 角度 θ だけ傾斜した平板に衝突する場合を考えてみよう. 二次元噴流の厚さを h とし, この二次元噴流が平板に沿って流れるときの流体摩擦は無視できるものと仮定する. 平板にはたらく力 $\boldsymbol{F}$ と, 平板に沿って上下方向に分かれて流れる流量 q_1, q_2 をそれぞれ求めてみる. また, 傾斜角 θ に対して, $\boldsymbol{F}$ および q_1, q_2 がどのように変化するかについて考えてみる.

図 6.8 からわかるように, 平板には圧力のみが作用するので, 平板にはたらく力は平板に垂直方向の力 (これを F と書くことにする) のみである. この力を求めるため

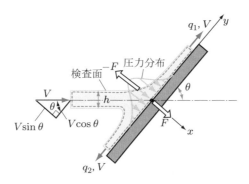

▶ **図 6.8　傾斜平板に衝突する二次元噴流**

には平板に垂直方向に x 軸をとり，y 軸は平板表面に沿ってとるとよい．検査面を図のようにとり，検査面へ流入する運動量の x と y 方向成分をそれぞれ求める．噴流の単位幅あたりについて考えれば，流量 Q は Vh なので，質量流量 ρQ は ρVh で与えられる．図に示すように，速度 V を x 方向と y 方向に分解すれば，x 方向成分は $V \sin\theta$，y 方向成分は $V \cos\theta$ になる．したがって，x 方向に流入する運動量は $\rho QV \sin\theta$，y 方向は $\rho QV \cos\theta$ になる．

検査面から流出する運動量は，上方に $\rho q_1 V$，下方へは $\rho q_2 V$ である．検査体積内の水が平板から受ける反力 $-F$ の向きは，x 方向である．以上のことから，運動量の法則を式で書けば次式となる．

$$x\text{方向：}\quad 0 - \rho QV \sin\theta = -F \tag{6.5}$$

$$y\text{方向：}\quad \rho q_1 V - \rho q_2 V - \rho QV \cos\theta = 0 \tag{6.6}$$

流量については，連続の関係から次式が得られる．

$$Q = q_1 + q_2 \tag{6.7}$$

式 (6.5) より

$$F = \rho QV \sin\theta \tag{6.8}$$

となる．式 (6.6)，(6.7) から q_1 と q_2 を求めると，次のようになる．

$$q_1 = \frac{(1 + \cos\theta)Q}{2} \tag{6.9}$$

$$q_2 = \frac{(1 - \cos\theta)Q}{2} \tag{6.10}$$

図 6.9 は，力 F および流量 q_1 と q_2 を傾斜角度 θ との関係で示した図である．$\theta = 0°$ の場合は平板が噴流に平行に置かれている状態であるから，$F = 0$ で，$q_1 = Q$ になる．

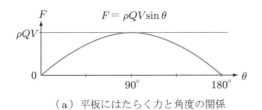

（a）平板にはたらく力と角度の関係

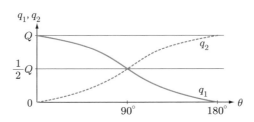

（b）流量 q_1，q_2 と角度の関係

▶ **図 6.9　力および流量と角度の関係**

$\theta = 90°$ の場合は，噴流が平板に直角に衝突し，力 F は最大となり ρQV で与えられる．このとき，上下方向に噴流量が二分されるので，$q_1 = q_2 = Q/2$ となる．$\theta = 180°$ の場合は，噴流が平板に平行に流れるが，平板の向きは $\theta = 0°$ の場合の上下方向が逆転しているだけである．

6.3.3 ▶▶ 曲がり管にはたらく力

図 6.10 に示すように，管路の途中に曲がり管が設置され，流出方向が流入方向から θ だけ傾いている．このとき曲がり管にはたらく力 $\boldsymbol{F}$ を求めてみよう．

密度 ρ の流体が流量 Q で流れており，曲がり管の入り口の断面積 A_1，流速 V_1，圧力 p_1，出口の断面積 A_2，流速 V_2，圧力 p_2 とする．曲がり管部分に図のように検査面をとる．x 軸を流入方向に，y 軸をそれに直角にとる．曲がり管にはたらく力 $\boldsymbol{F}$ を x および y 方向に分解し，それぞれ F_x および F_y とする．

x 方向について運動量の法則を適用すると，

$$\rho QV_2 \cos \theta - \rho QV_1 = p_1 A_1 - p_2 A_2 \cos \theta - F_x$$
$$\therefore \ F_x = \rho QV_1 - \rho QV_2 \cos \theta + p_1 A_1 - p_2 A_2 \cos \theta \tag{6.11}$$

となる．y 方向についても同様に，

$$\rho QV_2 \sin \theta - 0 = -p_2 A_2 \sin \theta - F_y$$
$$\therefore \ F_y = -\rho QV_2 \sin \theta - p_2 A_2 \sin \theta \tag{6.12}$$

が得られる．それらの合力の大きさ F は

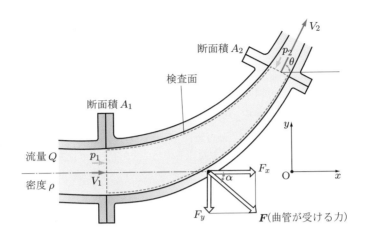

▶ 図 6.10 曲がり管にはたらく力

$$F = \sqrt{F_x{}^2 + F_y{}^2} \tag{6.13}$$

で与えられる．合力 $\boldsymbol{F}$ の向き α は次式で与えられる．

$$\alpha = \tan^{-1}\frac{F_y}{F_x} \tag{6.14}$$

演習問題

6.1　内径 30 mm のノズルから水が 40 m/s の速度で噴出している．これを静止平板に垂直に当てると，平板にはたらく力はいくらか．ただし，摩擦損失を無視し，水の密度を $1000\ \mathrm{kg/m^3}$ とする．

6.2　内径 30 mm のノズルから水が 40 m/s の速度で噴出している．これを噴流と同じ方向に 10 m/s で移動している平板に垂直に当てると，平板にはたらく力はいくらか．ただし，摩擦損失を無視し，水の密度を $1000\ \mathrm{kg/m^3}$ とする．

6.3　内径 30 mm のノズルから水が 40 m/s の速度で噴出している．これを噴流と同じ方向に 10 m/s で移動している円錐体に，図 6.7 に示したように衝突させるとき，円錐体にはたらく力はいくらか．ただし，摩擦損失を無視し，水の密度を $1000\ \mathrm{kg/m^3}$ とし，円錐体の半頂角 θ は 30° とする．

6.4　図 6.8 において，20°C の流量 $Q = 0.01\ [\mathrm{m^3/s}]$，流速 $V = 10\ [\mathrm{m/s}]$ の水の噴流が傾斜平板に衝突している．平板にはたらく力の大きさ F と，平板に沿って上下方向に分かれて流れる流量 q_1 と q_2 を求めよ．ただし，傾斜角 $\theta = 45°$，20°C の水の密度は $\rho = 998.2\ [\mathrm{kg/m^3}]$ とする．

6.5　図 6.10 において，管内径が一様で $\theta = 90°$ の曲がり管内を密度 ρ，流量 Q の流体が流れている．曲がり管にはたらく力の大きさ F とその方向 α を求めよ．ただし，流速は V，

管内断面積は A，圧力は p とする．また，曲がり管内の摩擦などによる損失は無視する．

6.6 図 6.10 において，20°C の流量 $Q = 0.06$ [m³/s] の水が水平に設置された曲がり管内を流れている．曲がり管の入口の直径 $d_1 = 200$ [mm]，圧力 $p_1 = 150$ [kPa]，出口の直径 $d_2 = 100$ [mm] のとき，曲がり管にはたらく力の大きさ F と方向 α を求めよ．ただし，曲がり管の角度 $\theta = 45°$，20°C の水の密度は $\rho = 998.2$ [kg/m³] とする．また，曲がり管内の摩擦などによる損失は無視する．

6.7 図 6.11 に示すように，曲板に沿って密度 ρ，流量 Q，流速 V の噴流が流れている場合，曲板にはたらく力の大きさ F とその方向 α を求めよ．ただし，θ は流出速度が流入速度の方向となす角度である．

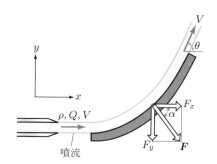

▶ **図 6.11　噴流により曲板にはたらく力**

7 章 円管内の流れ

　私たちが日常使用する水，ガス，油などの流体には，粘性がある．また，これらを輸送する管路には円管が使用されている．このような粘性流体の円管内の流れは，理想流体の流れとは著しく異なり，摩擦によるエネルギー損失が生じる．また，管路内の断面積変化や流れの方向変化などによってもエネルギー損失が生じる．本章では，このような場合の流れ構造とエネルギー損失について考えてみよう．

7.1 層流の理論

7.1.1 ▶▶ 流れの理論的解析

　本節では，定常で完全に発達した層流の円管内流れを，理論的に解析しよう．

　層流というのは，1.4 節で述べたように，流れ中の流体層が互いにゆるやかに滑りながら，ずり運動して移動していく流れである．図 7.1(a) に示すように，流体が半径 r_0 の円管内を左から右へ流れているとき，長さ l，半径 r の流体の円柱に作用する力のつり合いを考えてみる．半径 r の円柱の左側の面（断面積 πr^2）に作用する圧力を p_1 とすれば，この圧力による力が円柱を右方向へ押すが，円柱の右側の面に作用する圧力 p_2 による力は，円柱を左方向に押す．このとき，$p_1 > p_2$ なので，この円柱部には p_1 と p_2 の圧力差が作用し，右方向に次のような力がはたらく．

$$(p_1 - p_2) \times \pi r^2 \tag{7.1}$$

　一方，この円柱表面（表面積 $2\pi rl$）にはせん断応力 τ による摩擦力が，流れに対するブレーキ役として左方向に作用し，その大きさは次のように与えられる．

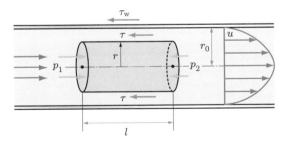

（a）力のつり合いと速度分布の概略

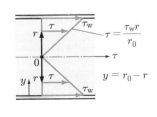

（b）せん断応力分布

▶ **図 7.1　円管内層流（ハーゲン‐ポアズイユ流れ）の概念図**

$$\tau \times 2\pi r l \tag{7.2}$$

この円柱部分が圧力差によって流れ方向に押される力と，周囲から受ける摩擦による抵抗とがつり合いながら流れているので，式 (7.1) と (7.2) を等しいとすれば，次式が得られる．

$$\tau \times 2\pi r l = (p_1 - p_2) \times \pi r^2$$
$$\therefore \ \tau = \frac{(p_1 - p_2) \times \pi r^2}{2\pi r l} = \frac{(p_1 - p_2)r}{2l} \tag{7.3}$$

同様に，半径 r_0 の円柱についても，圧力差による力と管壁に作用するせん断応力 τ_{w} による摩擦力とがつり合っているので，次式が得られる．

$$\tau_{\mathrm{w}} \times 2\pi r_0 l = (p_1 - p_2) \times \pi r_0{}^2$$
$$\therefore \ \tau_{\mathrm{w}} = \frac{(p_1 - p_2)r_0}{2l} \tag{7.4}$$

式 (7.3) と (7.4) より，せん断応力 τ は次式で与えられる．

$$\tau = \frac{\tau_{\mathrm{w}} r}{r_0} \tag{7.5}$$

図 7.1(b) に示すように，τ は r に比例し，管中心では 0，管壁で最大になる．

7.1.2 ▶▶ 速度分布

せん断応力 τ の式は，式 (1.8) から次のように変形できる．

$$\tau = \mu \frac{\mathrm{d}u}{\mathrm{d}y} = \mu \frac{\mathrm{d}u}{\mathrm{d}r}\frac{\mathrm{d}r}{\mathrm{d}y} = \mu \frac{\mathrm{d}u}{\mathrm{d}r}\frac{\mathrm{d}(r_0 - y)}{\mathrm{d}y} = -\mu \frac{\mathrm{d}u}{\mathrm{d}r} \tag{7.6}$$

式 (7.6) を式 (7.3) に代入すると，次式となる．

$$-\mu \frac{\mathrm{d}u}{\mathrm{d}r} = \frac{(p_1 - p_2)r}{2l}$$
$$\therefore \ \frac{\mathrm{d}u}{\mathrm{d}r} = -\left(\frac{p_1 - p_2}{2\mu l}\right)r \tag{7.7}$$

式 (7.7) を不定積分すると，次式が得られる．

$$\mathrm{d}u = -\left(\frac{p_1 - p_2}{2\mu l}\right)r\,\mathrm{d}r$$
$$u = \int \mathrm{d}u + C = -\left(\frac{p_1 - p_2}{2\mu l}\right)\int r\,\mathrm{d}r + C$$
$$\therefore \ u = -\frac{p_1 - p_2}{2\mu l} \times \frac{r^2}{2} + C \tag{7.8}$$

ここで，C は積分定数である．管壁では流速は 0 なので，境界条件は $r = r_0$ のとき $u = 0$ で与えられる．この境界条件を式 (7.8) に代入すれば，次式が得られる．

$$0 = -\frac{p_1 - p_2}{2\mu l} \times \frac{r_0{}^2}{2} + C$$

$$\therefore \ C = \frac{p_1 - p_2}{2\mu l} \times \frac{r_0{}^2}{2}$$

したがって，上式と式 (7.8) より，円管内の層流の速度分布として次式が得られる．

$$u = -\frac{p_1 - p_2}{2\mu l} \times \frac{r^2}{2} + \frac{p_1 - p_2}{2\mu l} \times \frac{r_0{}^2}{2} = \frac{p_1 - p_2}{4\mu l}(r_0{}^2 - r^2) \tag{7.9}$$

式 (7.9) より，速度の最大値は $r = 0$ のときに与えられることがわかる．すなわち，最大流速 $V_{\max}$ は円管の中心軸上にあって，次式で与えられる．

$$V_{\max} = r_0{}^2 \frac{p_1 - p_2}{4\mu l} \tag{7.10}$$

式 (7.9) と (7.10) から，速度分布を最大速度との比で表せば，次のように書ける．

$$\frac{u}{V_{\max}} = 1 - \left(\frac{r}{r_0}\right)^2 \tag{7.11}$$

式 (7.11) は放物線で，これを図示したのが図 7.2(a) である．この分布は管軸を含むどの断面上にもみられるものであるから，流れ状態を立体的に表せば，図 (b) のように，回転放物体になることがわかる．

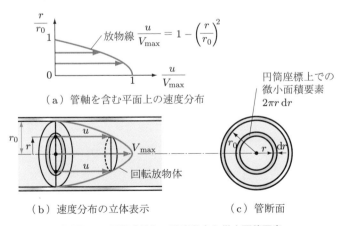

（a）管軸を含む平面上の速度分布

（b）速度分布の立体表示　　　（c）管断面

▶ 図 7.2　円管内流れの速度分布と微小面積要素

7.1.3 ▶▶ 流量

次に，円管内を流れる流体の流量を求めてみよう．

図 7.2(c) に示すように，管断面内の微小面積要素は，（円周の長さ）× $\mathrm{d}r = 2\pi r \times \mathrm{d}r = 2\pi r\,\mathrm{d}r$ であるから，この微小面積要素を流れる流量 $\mathrm{d}Q$ は，次式で与えられる．

$$\mathrm{d}Q = （微小面積要素）\times（流速）= 2\pi r\,\mathrm{d}r \times u \tag{7.12}$$

上式の u に式 (7.9) を代入すると，次のようになる．

$$\mathrm{d}Q = 2\pi r\,\mathrm{d}r \times \frac{p_1 - p_2}{4\mu l}({r_0}^2 - r^2) = \pi\frac{p_1 - p_2}{2\mu l}({r_0}^2 - r^2)r\,\mathrm{d}r \tag{7.13}$$

式 (7.13) を円管中心 $(r = 0)$ から管壁 $(r = r_0)$ まで積分すれば，管内断面全体を流れる流量 Q として，次式が得られる．

$$\begin{aligned}
Q &= \pi\frac{p_1 - p_2}{2\mu l}\int_0^{r_0}({r_0}^2 - r^2)r\,\mathrm{d}r = \pi\frac{p_1 - p_2}{2\mu l}\left({r_0}^2\int_0^{r_0} r\,\mathrm{d}r - \int_0^{r_0} r^3\,\mathrm{d}r\right)\\
&= \pi\frac{p_1 - p_2}{2\mu l}\left(\frac{{r_0}^4}{2} - \frac{{r_0}^4}{4}\right) = \pi\left(\frac{p_1 - p_2}{2\mu l}\right)\frac{{r_0}^4}{4}\\
&= \frac{\pi {r_0}^4(p_1 - p_2)}{8\mu l}
\end{aligned} \tag{7.14}$$

十分に発達した層流の流れにおいて，長さ l の管の上流側の圧力 p_1 と下流側の圧力 p_2 を測定すれば，式 (7.14) より管を流れる流体の流量を求めることができる．また，流量 Q は圧力差 $p_1 - p_2$ に比例して増大することがわかる．

7.1.4 ▶▶ 圧力損失と平均流速の関係

上流側と下流側の圧力差を**圧力損失**という．管の長さ l の間に生じる圧力損失 Δp $(= p_1 - p_2)$ を，管の内径 $d\ (= 2r_0)$ と $Q = (\pi d^2/4)V_\mathrm{m}$ を用いて式 (7.14) から求めると，次のようになる．

$$\Delta p = p_1 - p_2 = \frac{8\mu l Q}{\pi {r_0}^4} = \frac{128\mu l Q}{\pi d^4} = \frac{32\mu l V_\mathrm{m}}{d^2} \tag{7.15}$$

ここで，平均流速 V_m は，式 (7.14) で与えられる流量 Q を管内断面積 $\pi {r_0}^2$ でわって，次のように求められる．

$$V_\mathrm{m} = \frac{Q}{\pi {r_0}^2} = \frac{{r_0}^2(p_1 - p_2)}{8\mu l} = \frac{V_\mathrm{max}}{2} \tag{7.16}$$

上式より，層流の平均流速 V_m は，最大流速 V_max の半分であることがわかる．

式 (7.14) および (7.15) は，ハーゲン (Gotthilf Heinrich Ludwig Hagen, 1797–1884) とポアズイユ (Jean-Louis Poiseuille, 1799–1869) によって，それぞれ 1839 年と 1840 年に独立にみいだされたので，**ハーゲン–ポアズイユの式**という．また，円管内層流

は**ハーゲン‐ポアズイユ流れ**といわれている.

7.1.5 ▶▶ 層流の速度分布が回転放物体状になる理由

円管内の層流の速度分布が, 式 (7.9) で示されたように回転放物体状になる理由は, 流体の環状層にはたらく力の関係からも明らかである. これについて考えてみよう.

図 7.3 に示すように, 流れは左から右へ流れているとする. この場合, 壁面に作用するせん断応力 τ_w は左から右方向で, 流れと同じ方向なので, τ_w の符号を正にとるのが一般的である. 一方, 流体に対しては, τ_w は右から左方向に作用し, 壁が流体運動にブレーキをかける役割をしていることがわかる. ここで, 流れ中に長さが l で, 外側半径が $r + \Delta r$, 内側半径が r の流体の環状部を切り出し, これにはたらく力と運動との関係について考えてみる. 図のように, この環状部外側の表面に作用するせん断応力 $\tau + \Delta \tau$ が流れ方向とは逆方向, つまり右から左に作用し, この部分の運動にブレーキをかける役割をする. しかし, 環状部の内側の表面に作用するせん断応力 τ は左から右方向にはたらき, この流体部分を流れの方向に引きずる役割をする. これらのせん断応力の大きさは, この図の右に示すせん断応力分布図 (式 (7.5) で与えられている) からわかるように, 壁から離れるにしたがって減少する.

次に, 円管内を流れている流体を, 図 7.4(a) に示すように, 同じ厚さの環状層の積み重ねとして管中心まで分割して考えてみよう. 図 (b) は, 管壁近傍のこれらの環状部を, 管軸を含む平面で切断した面上に示したものである. 圧力が同一の管断面上では同じ大きさであるが, 環状部層が管壁から離れるにつれ, その断面積はより大きく

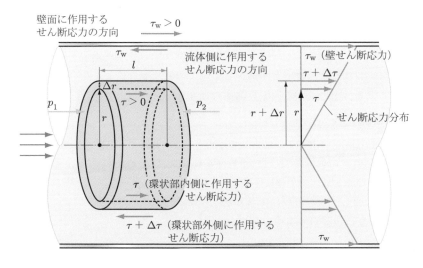

▶ **図 7.3　環状流体部に作用するせん断応力と圧力**

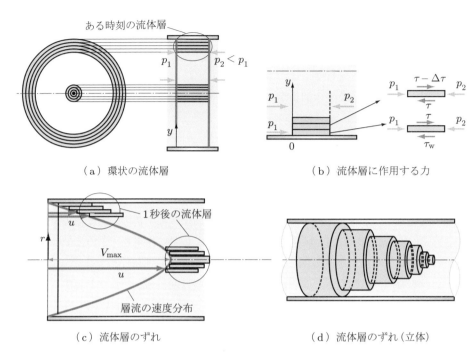

（a）環状の流体層　　　　　　　　（b）流体層に作用する力

（c）流体層のずれ　　　　　　　　（d）流体層のずれ（立体）

▶図7.4　環状流体層のずり運動

減少するため，環状部を押す圧力による力は，中心部に向かうにつれてより小さくなる．この環状部の層が互いにずれていき，いわゆるずり運動を起こしながら流れ方向へ移動していくが，このずれの程度が管中心に近づくにつれてより小さくなるのである．このずり運動の様子を描いたのが図 (c) である．これを立体的に描くと，図 (d) のようになる．このように，層流では流体の層は互いにずり運動をするが，管の中心部に近づくにつれてせん断応力が減少していくので，それにともない，ずれの大きさも減少していき，図のような回転放物体の速度分布を表すのである．

例題 ● 7.1

管内径 $d = 16$ [mm]，長さ $l = 80$ [m] のなめらかな円管路で，流量 $Q = 402$ [cm^3/s] で油を流した場合，長さ l 間における，(1) 平均流速 V_m，(2) 圧力差 $p_1 - p_2$，(3) 最大流速 V_max，(4) 流速 u の速度分布図，(5) 管壁に作用するせん断応力 τ_w，(6) せん断応力 τ の分布図をそれぞれ求めよ．ただし，円管路は水平に置かれ，流れは層流とし，油の密度は $\rho = 880$ [kg/m^3]，粘度は $\mu = 88.0 \times 10^{-3}$ [Pa·s] とする．

解答 - - - 管内径 $d = 16$ [mm] $= 0.016$ [m]，管内半径 $r_0 = d/2 = 0.016$ [m]$/2 = 0.008$ [m]，流量 $Q = 402$ [cm^3/s] $= 402 \times 10^{-6}$ [m^3/s]，管内断面積 $= \pi r_0{}^2 = \pi \times (0.008$ [m]$)^2 = 2.01 \times 10^{-4}$ [m^2] となるので，これらの数値を用いて解いていこう．

(1)　平均流速 V_m は，（流量）／（管内断面積）であるから，次のようになる.

$$V_m = \frac{Q}{\pi r_0{}^2} = \frac{402 \times 10^{-6}\ [\text{m}^3/\text{s}]}{2.01 \times 10^{-4}\ [\text{m}^2]} = \frac{402 \times 10^{-2}\ [\text{m/s}]}{2.01} = 2.00\ [\text{m/s}]$$

(2)　圧力差 $p_1 - p_2$ は，粘性摩擦により生じるもので，式 (7.15) から次のように求められる.

$$p_1 - p_2 = \frac{32 \mu l V_m}{d^2} = \frac{32 \times 88.0 \times 10^{-3}\ [\text{Pa·s}] \times 80\ [\text{m}] \times 2.00\ [\text{m/s}]}{(0.016\ [\text{m}])^2}$$
$$= 1.76 \times 10^6\ [\text{Pa}] = 1.76\ [\text{MPa}]$$

(3)　最大流速 V_{max} は，式 (7.16) より次のように求められる.

$$V_{max} = 2V_m = 2 \times 2.00\ [\text{m/s}] = 4.00\ [\text{m/s}]$$

(4)　r [mm] の位置における流速 u の値は，式 (7.11) より

$$u = V_{max}\left[1 - \left(\frac{r}{r_0}\right)^2\right] = 4.00\ [\text{m/s}] \times \left[1 - \left(\frac{r\,[\text{mm}]}{8\,[\text{mm}]}\right)^2\right]$$

となるので，この式に半径 r の数値を入れて，流速 u の速度分布図を描くと，図 7.5(a) が得られる. 前述のように，層流における速度分布は放物線になることが数値的に示された.

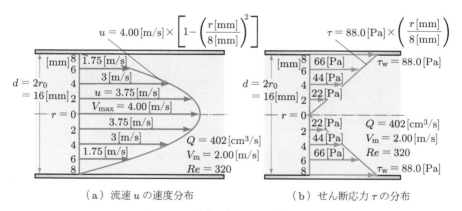

（a）流速 u の速度分布　　　　（b）せん断応力 τ の分布

▶ **図7.5　速度分布とせん断応力分布**

(5)　管壁に作用するせん断応力 τ_w は，式 (7.4) から次のように求められる.

$$\tau_w = \frac{(p_1 - p_2)r_0}{2l} = \frac{1.76 \times 10^6\ [\text{Pa}] \times 0.008\ [\text{m}]}{2 \times 80\ [\text{m}]} = 88.0\ [\text{Pa}]$$

(6)　せん断応力 τ の分布は，式 (7.5) より，r [mm] に対して

$$\tau = \tau_w \frac{r}{r_0} = 88.0\ [\text{Pa}] \times \frac{r\,[\text{mm}]}{8\,[\text{mm}]}$$

となるので，この式に半径 r の数値を入れて，せん断応力 τ の分布図を描くと，図 7.5(b) のようになる.

7.2.1 ▶▶ 遷移が生じると何がどう変わるのか

　1883 年に，レイノルズ (Osborne Reynolds, 1842–1912) は，水槽の下方に取り付けたガラス管内の流れの様子を，色素を注入する方法（流れの可視化法の一つ）で観察し，流れには**層流**と**乱流**の二つの流れ状態があることを発見した．図 7.6 は，レイノルズの実験と原理的に同じ実験装置である．円管入口には丸みをもたせ，円管内の流速の調整を円管出口付近に取り付けた流量調節弁で行い，注入する色素液の流量の調整を色素タンクの下に取り付けたコックで行う．

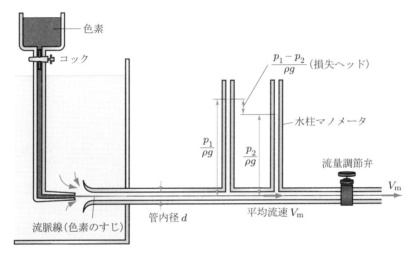

▶ **図 7.6　層流・乱流遷移の実験**

　図 7.7 には，層流と乱流の色素流脈線の様子を示す．図 (a) に示すように，管内を流れる流速が小さいときには，色素の流脈線が 1 本のすじ状になる．このような流れの状態は**層流**である．ここから流れを速くしていき，流速がある値以上になると，図 (b) に示すように，色素の流脈線が徐々に波打ち始め，不規則な変動を起こし，ついに乱れて色素が管内いっぱいに拡散する．このような流れ状態は**乱流**である．高速シャッター撮影あるいはストロボ撮影で，この乱流の瞬間写真を撮ると，図 (c) に示すように，さまざまな大きさの**渦**が管内全体にみられる．これより，乱れの原因は渦の発生にあることがわかる．

　ここで，図 7.6 に示した実験装置の管の途中にある 2 本の水柱マノメータ間の圧力ヘッド差 $(p_1 - p_2)/(\rho g)$ を測定してみよう．図 7.8 は，この圧力ヘッド差と流れの断面平均流速 V_m [m/s]（＝（流量）/（管内断面積））との関係を示した図である．圧力ヘッ

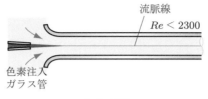

（a）層流

（b）乱流

（c）乱流の瞬間写真（管断面）

▶ 図7.7　層流と乱流

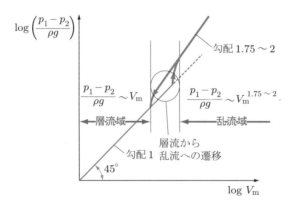

▶ 図7.8　平均流速と損失ヘッドの関係

ド差は後述のように**損失ヘッド**といい（7.3節参照），層流では V_m に比例して大きくなる．しかし，V_m がある値以上になると，損失ヘッドが急に増加し，乱流域では図のように V_m の 1.75～2 乗に比例する．また，乱流域から流速を減じていくと，損失ヘッドが減少していき，再び同じ層流の線上に一致するように変化する．このような層流から乱流への流れの変化を**層流・乱流遷移**という．

7.2.2 ▶▶ 臨界レイノルズ数

レイノルズは，管内の流れの断面平均流速 V_m [m/s]，管内径 d [m]，流体の密度 ρ [kg/m^3]，流体の粘度 μ [Pa·s = kg/m·s] で作られる次式

$$Re = \frac{\rho V_m d}{\mu} = \frac{V_m d}{\nu} \qquad （無次元パラメータ） \tag{7.17}$$

で計算される値がある値を超えると，円管内の流れが層流から乱流に遷移し，同じ Re の値では流れ状態は同じになることを発見した．3.7 節で説明したように，この無次元パラメータ Re は，発見者であるレイノルズの名前にちなんで，**レイノルズ数**といわれている．

層流から乱流に遷移するときのレイノルズ数を**臨界レイノルズ数**といい，Re_c で示す．図 7.8 にみられたように，乱流域から流速を減じていった場合，層流に戻るときのレイノルズ数を一般に**低位臨界レイノルズ数**といい，この値は $Re_c = 2300$ である．一方，流速を増大させていく場合には，Re_c の値はそのとき流入する流れ中に含まれる乱れの状態により相違する．たとえば，円管内に流入する流れ中の乱れを抑制した場合には，$Re_c = 5 \times 10^4$ まで層流を保つことができたという報告もある．しかし，普通は管の流入口付近で乱れが生じるので，臨界レイノルズ数は $Re_c = 2300$ であると考えてよい．

例題 ● 7.2

例題 7.1 の流れが層流であることを確認せよ．

解答 --- レイノルズ数 Re は，式 (7.17) と [Pa·s] = [N/m^2]·[s] = ([kg·m/s^2]/[m^2])·[s] = [kg/m·s] から

$$Re = \frac{\rho V_m d}{\mu} = \frac{880 \ [\text{kg/m}^3] \times 2.00 \ [\text{m/s}] \times 0.016 \ [\text{m}]}{88.0 \times 10^{-3} \ [\text{Pa·s}]} = 320$$

となり，臨界レイノルズ数 $Re_c = 2300$ より小さいので，層流であることがわかる．

- -

例題 ● 7.3

管内径 $d = 16$ [mm] の円管内を密度 $\rho = 998.2$ [kg/m^3]，粘度 $\mu = 1.002 \times 10^{-3}$ [Pa·s] の水が平均流速 $V_m = 2$ [m/s] で流れている．このときのレイノルズ数 Re の値を計算し，層流か乱流かを判定せよ．

解答 --- この流れのレイノルズ数が，臨界レイノルズ数 $Re_c = 2300$ より小さい場合は層流，大きい場合は乱流と判定できる．管内径 $d = 16$ [mm] = 0.016 [m] なので，レイノルズ数 Re は，式 (7.17) より，

$$Re = \frac{\rho V_{\mathrm{m}} d}{\mu} = \frac{998.2 \, [\mathrm{kg/m^3}] \times 2 \, [\mathrm{m/s}] \times 0.016 \, [\mathrm{m}]}{1.002 \times 10^{-3} \, [\mathrm{Pa \cdot s}]}$$

$$= 31879 = 3.19 \times 10^4$$

となり，臨界レイノルズ数 $Re_{\mathrm{c}} = 2300$ より大きいので，流れは乱流である．

- -

例題 ● 7.4

密度 $\rho = 998.2 \, [\mathrm{kg/m^3}]$，粘度 $\mu = 1.002 \times 10^{-3} \, [\mathrm{Pa \cdot s}]$ の水が管内径 $d = 16 \, [\mathrm{mm}]$ の円管内を流れているとき，低位臨界レイノルズ数 $Re_{\mathrm{c}} = 2300$ における平均流速 V_{mc} の値を求めよ．

解答 - - - V_{mc} は，レイノルズ数の定義式から求めることができる．管内径 $d = 16$ $[\mathrm{mm}] = 0.016 \, [\mathrm{m}]$ となるから，式 (7.17) より，次のように得られる．

$$V_{\mathrm{mc}} = \frac{\mu Re_{\mathrm{c}}}{\rho d} = \frac{1.002 \times 10^{-3} \, [\mathrm{Pa \cdot s}] \times 2300}{998.2 \, [\mathrm{kg/m^3}] \times 0.016 \, [\mathrm{m}]} = 0.144 \, [\mathrm{m/s}]$$

- -

7.2.3 ▶▶ 層流と乱流との速度分布の相違

図 7.7 と図 7.8 での比較からわかるように，乱流になると，流れの中には大小さまざまな大きさの渦が生じ，乱流拡散が活発になると同時に，圧力損失が増大する．ここでは，層流と乱流の速度分布にみられる相違をはっきりと理解するため，管内流の平均流速 V_{m} が同じと仮定した場合における層流と乱流との速度分布を比較してみよう．

式 (7.11) で与えられた層流の速度分布は，図 7.2(a) や例題 7.1 の図 7.5(a) に示すように，円管内断面上では放物分布であるが，立体的に描けば図 7.2(b) のような回転放物体になる．図 7.9(a) には，乱流の場合との比較のために，再び円管内断面上の層流の速度分布を示す．一方，乱流の場合，管内中央部では乱流による混合作用のため，図 7.9(b) に示すように，流速が均一化され，速度分布がフラットになる．管壁近傍で

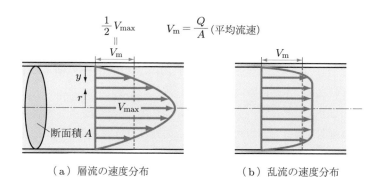

（a）層流の速度分布 （b）乱流の速度分布

▶ **図 7.9 層流と乱流の速度分布の違いと平均流速**

は乱流運動が抑えられ，速度分布の勾配が層流に比べ急になるので，式 (7.6) からわかるように，壁面のせん断応力 τ_w は層流の場合よりも大きくなる．壁面のせん断応力 τ_w が増せば，式 (7.4) より，圧力損失 $p_1 - p_2$ が増すことがわかる．

　第 4 章で学んだベルヌーイの定理では，粘性のない理想流体の流れを仮定した．しかし，実際の流体には上述のように粘性があるので，理想流体の場合と比較すると，壁面近傍の流れ状態に大きな違いがみられる．この違いを図示したのが図 7.10 である．図 (a) に示す理想流体の流れは，粘性がないので壁面でスリップし，壁面上の速度は壁面から離れたところと同じ大きさで，壁面が流線のためエネルギーの損失がない．しかし，実際の流れは図 (b) に示すようであり，流体は壁面に付着し，壁面における流速が 0 になるが，壁面から離れるにしたがって流速が増加していく．このように，壁の存在は流れに対して抵抗する．このため，円管内を流れる流量を $Q\,[\mathrm{m^3/s}]$，円管内断面積を $A\,[\mathrm{m^2}]$ としたときの円管内の断面平均流速 $V_\mathrm{m}\,[\mathrm{m/s}]\,(= Q/A)$ が同じであっても，実際の流れには粘性があるので，非粘性流れと速度分布形状が大きく相違し，大きなエネルギー損失が生じるのである．

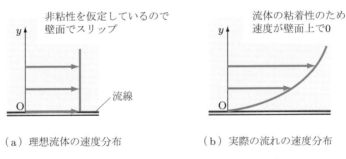

（a）理想流体の速度分布　　　　　（b）実際の流れの速度分布

▶ **図 7.10　理想流体の流れと実際の流れとの違い**

7.3 ▷ 円管内流れの損失ヘッド

7.3.1 ▶▶ 水力勾配線とエネルギー線

　図 7.11 に示すように，管入口に丸みをもった管内径 d の円管が，水槽 1 の下方に水平に取り付けられており，水が円管内を定常的に流れて水槽 2 へ流出している．管入口では速度は均一な分布であるが，下流にいくにつれて管壁から徐々に粘性の影響を受け，管断面上の速度には分布が現れ始める．この速度分布は下流方向に変化していくが，ある程度下流になると，速度分布に変化のない発達した流れ状態になる．管入口から，速度分布が一定の完全に発達した流れ状態（**完全発達域**）になるまでの区間を，**助走区間**という．

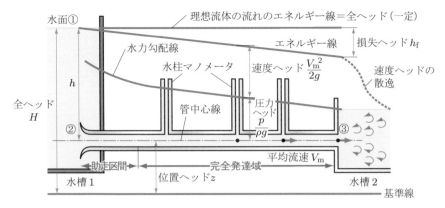

▶ **図 7.11　管内流れのエネルギー線と水力勾配線**

　完全発達域では，速度分布形状が一定になる．図では，管出口③は水槽２に接続されているが，点③における圧力ヘッドはこの水槽の水面高さに等しい．管壁に取り付けた細いガラス管のマノメータの水柱高さは圧力ヘッドを示し，この水柱高さを結んだ線を**水力勾配線**という．したがって，図中の完全発達域における水力勾配線は，点③の位置における水槽２の水面と，マノメータの水柱高さを結んだ直線で与えられる．基準線からの高さで表せば，$p/(\rho g) + z$ の大きさを示す線として示される．

　速度ヘッド $V_{\mathrm{m}}^2/(2g)$ は完全発達域では同じ大きさであるが，流れのもっている次式の全ヘッド H は，圧力の減少にしたがい，管軸に沿って変化する．

$$H = \frac{V_{\mathrm{m}}^2}{2g} + \frac{p}{\rho g} + z \tag{7.18}$$

　全ヘッドは流体運動のエネルギーの大きさをヘッドで表したものなので，全ヘッドを示す線を**エネルギー線**という．したがって，エネルギー線は水力勾配線に速度ヘッドの高さ分を加えた線になる．水槽中に噴流が噴出した後，噴流のもっている運動のエネルギーが，乱流の渦となって流体中に散逸して失われてしまう．

　ベルヌーイの定理では，粘性のない理想流体を仮定しているので，ベルヌーイの定理を適用する場合にはエネルギーの損失を無視していることを忘れてはいけない．ベルヌーイの定理を適用すれば，全ヘッドは水槽１の水面と同じ高さのままで，このエネルギー線は図に示すような水平線で表される．しかし，実際の流れでは，これまで述べてきたように粘性があるので，管壁から受けるせん断応力によるブレーキのため，理想流体のエネルギー線との差が**損失ヘッド**となって現れるのである．損失ヘッド h_{f} は，管内の流体をその圧力差で押すために必要で，この圧力差が水力勾配線の傾きを決定している．次に，損失ヘッドについて詳しく考えよう．

7.3.2 ▶▶ 損失ヘッド

図7.12は，図7.11の完全発達域における2本の水柱マノメータ間を拡大して示した図である．流れは定常で，水平に置かれた内径 d の円管内を平均流速 V_{m} で流れている．位置①と②間の長さを l として，この間の損失ヘッド h_{f} について考えてみよう．

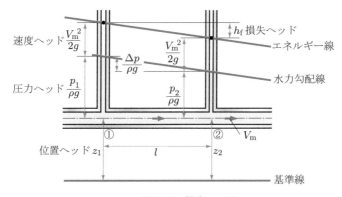

▶図7.12　損失ヘッド

図7.12で位置①と②における静圧をそれぞれ p_1，p_2 とすれば，位置①の全ヘッド H_1 は

$$H_1 = \frac{V_{\mathrm{m}}^2}{2g} + \frac{p_1}{\rho g} + z_1$$

で，位置②の全ヘッド H_2 は

$$H_2 = \frac{V_{\mathrm{m}}^2}{2g} + \frac{p_2}{\rho g} + z_2$$

で与えられる．ゆえに，位置①と②間の全ヘッドの差（損失ヘッド）h_{f} は次式で与えられる．

$$h_{\mathrm{f}} = H_1 - H_2 = \frac{V_{\mathrm{m}}^2}{2g} + \frac{p_1}{\rho g} + z_1 - \left(\frac{V_{\mathrm{m}}^2}{2g} + \frac{p_2}{\rho g} + z_2 \right)$$

$$= \frac{p_1 - p_2}{\rho g} + z_1 - z_2 \tag{7.19}$$

ここでは円管が水平に置かれているので，$z_1 = z_2$ であるから，式(7.19)は次式のように書ける．

$$h_{\mathrm{f}} = \frac{p_1 - p_2}{\rho g} = \frac{\Delta p}{\rho g} \tag{7.20}$$

式(7.20)は，全ヘッドの損失が圧力ヘッドの損失に等しいことを示し，エネルギー線と水力勾配線が平行になることを意味している．ここに，$\Delta p = p_1 - p_2$ は位置①と②

の圧力差を示すが，この Δp を**圧力損失**といい，h_f を**損失ヘッド**という．

損失ヘッド h_f は，**管摩擦係数** λ（無次元数）を用いて，次式のように与えられる．

$$h_\mathrm{f} = \frac{\Delta p}{\rho g} = \lambda \frac{l}{d} \frac{V_\mathrm{m}^2}{2g} \tag{7.21}$$

式 (7.21) を**ダルシー–ワイスバッハの式**（Darcy–Weisbach's formula）という．

7.3.3 ▶▶ 管摩擦係数

(1) 層流

層流の管摩擦による損失ヘッド h_f は式 (7.15) と (7.20) より，また管摩擦係数 λ は式 (7.21) より，それぞれ次式のように求められる．

$$h_\mathrm{f} = \frac{\Delta p}{\rho g} = \frac{32\mu l V_\mathrm{m}/d^2}{\rho g} = \frac{64\mu}{\rho V_\mathrm{m} d} \frac{l}{d} \frac{V_\mathrm{m}^2}{2g}$$
$$\therefore\ h_\mathrm{f} = \frac{64}{Re} \frac{l}{d} \frac{V_\mathrm{m}^2}{2g} \tag{7.22}$$

式 (7.21) と (7.22) より，λ は次のようになる．

$$\lambda = \frac{64}{Re} \tag{7.23}$$

図 7.13 は，円管内流れの管摩擦係数 λ を，管レイノルズ数 Re に対して常用対数を用いて示した図である．常用対数グラフでは式 (7.23) が直線で示される．層流の管摩擦係数は，管壁が**滑面**でも**粗面**でも同じ値になることに注意しておこう．

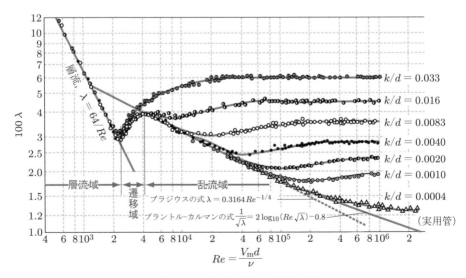

▶ 図 7.13　円管内の流れの管摩擦係数

(2) 乱流（滑面の場合）

　乱流の管摩擦係数は，層流のように理論的に求めることができないので，実験的に研究されてきた．管摩擦係数 λ は管の内面壁の粗滑状況によって変わり，管壁がなめらかな場合（**滑面**の場合）の λ は，レイノルズ数 Re のみの関数になる．図 7.13 中の破線と実線は，それぞれブラジウスの式とプラントル－カルマンの式を示しており，どちらも実験結果とよく一致している．

$$\text{ブラジウスの式}：\lambda = 0.3164Re^{-1/4} \quad (Re = 3 \times 10^3 \sim 10^5) \tag{7.24}$$

$$\text{プラントル－カルマンの式}：\frac{1}{\sqrt{\lambda}} = 2 \cdot \log_{10}(Re \cdot \sqrt{\lambda}) - 0.8 \tag{7.25}$$

$$(Re = 4 \times 10^3 \sim 3 \times 10^6)$$

(3) 乱流（粗面の場合）

　内壁面が**粗面円管**の管摩擦係数については，ニクラーゼ (Johann Nikuradse, 1894–1979) の実験結果が有名である．彼は管の内面にいろいろな大きさの砂粒を貼り付け，管摩擦係数を測定した．図 7.13 は，砂粒の直径を k，管内径を d としたときの相対粗さ k/d の値をいろいろ変化させて，管摩擦係数とレイノルズ数の関係を求めた実験結果である．十分大きいレイノルズ数では，管摩擦係数はレイノルズ数に無関係に一定値になり，k/d のみの関数になる．そして，k/d が大きいほど大きな値になる．一般的には，管摩擦係数はレイノルズ数と相対粗さの両方の関数であり，レイノルズ数が比較的小さな乱流の場合には，λ の値は上で述べた滑面の実験値と一致する．しかし，レイノルズ数が大きくなると，λ が増大して滑面の実験値から離れていくようになる．k/d の値が小さいほど，滑面の実験値に一致するレイノルズ数の範囲は広くなる．層流域と遷移域では粗さの影響はみられないが，乱流域になると管摩擦係数に粗さの影響が現れてくるのである．このように，管摩擦係数がレイノルズ数と相対粗さによって複雑な変化を示すのはなぜだろうか．次にこれについて説明しよう．

　乱流の場合においても，壁面のごく近くでは，乱れ変動が壁面の存在により抑制されるため，粘性の影響が非常に大きなごく薄い層が壁面に接して存在する．この薄い層を**粘性底層**というが，粗面管では，粘性底層の厚さが粗さ要素の大きさとの対応において，管摩擦係数の値に大きな影響を与える．

　図 7.14 は，レイノルズ数 Re の増大に対する管摩擦係数 λ の関数形ならびに，粘性底層の厚さ δ_v の変化と砂粒の直径 k の関係を表した図である．粘性底層の厚さ δ_v の値はレイノルズ数 Re が大きくなると小さくなっていく．δ_v が砂粒の直径 k よりも大きいときには粗面の影響が現れないが，さらに Re が増大していくと，k よりも δ_v のほうが小さくなり，粗さ要素が粘性底層から頭を出すため管壁近傍の流れが乱され，

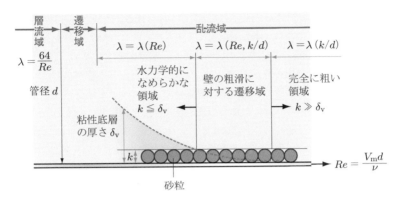

▶ **図 7.14** Re の変化に対する λ の関数形と，δ_{v} と k との大小関係

摩擦抵抗が増大するのである．以上のことから，管摩擦係数に及ぼす粗さの影響は，粘性底層の厚さと粗さ要素の大きさに関係し，次の三つの領域に区分できる．

(1) 水力学的になめらかな領域 $(k \leqq \delta_{\mathrm{v}})$

(2) 壁の粗滑に対する遷移域

(3) 完全に粗い領域 $(k \gg \delta_{\mathrm{v}})$

(1) の水力学的になめらかな領域 $(k \leqq \delta_{\mathrm{v}})$ では，粘性底層の厚さ δ_{v} が砂粒の径 k より大きく，砂粒の凸凹が粘性底層内にうもれてしまい，凸凹の影響が現れないので，流れの様子がなめらかな管壁の場合と同じになる．そのため，λ は Re のみの関数で表される．

(2) の壁の粗滑に対する遷移域では，粘性底層の厚さ δ_{v} と砂粒の径 k が同程度の大きさのときで，水力学的になめらかな領域から完全に粗い領域へ移っていく領域である．ここでは，λ は Re と k/d の関数になる．

(3) の完全に粗い領域 $(k \gg \delta_{\mathrm{v}})$ では，粘性底層の厚さ δ_{v} が砂粒の径 k より小さくなるので，砂粒の凸凹の影響が直接的に現れる．砂粒の径 k が大きいほど，管壁の砂粒からの乱れが決定的になり，砂粒の径 k が支配的になるので，管摩擦係数は k/d のみの関数になる．

例題 ● 7.5

水が，大きな水槽の下方に水平に取り付けられた内径 5 cm，長さ 50 m の円形断面の管内を流れ，管の端から噴出している．管の入口と水槽水面までの水深が 10 m のところに管が取り付けられている．ただし，助走区間を無視し，流れが管の入口から完全に発達しているものとする（管入口部の損失を無視する）．このとき，管内流と噴流の平均流速が同じであるとして，平均流速 V_{m} と流量 Q を求めよ．ただし，管路の管摩擦係数は 0.05 とする．

- - -　まず，この問題の状況をイメージして図に描き，次に水力勾配線とエネルギー線を描いてみよう．そのために，水力勾配線とエネルギー線について復習する必要がある．

図 7.15 に示すように，管の端は大気中に開放され，噴流が平均流速 V_m で噴出しているので，そこでの全ヘッドは速度ヘッド $V_\mathrm{m}^2/(2g)$ のみで与えられる．管が水平に設置されており，位置ヘッドは管のどの場所でも同じ値となるので，全ヘッドを速度ヘッドと圧力ヘッドの合計だけで表すことにする．管入口部の損失を無視すると仮定しているので，管入口での圧力ヘッドは，水面から速度ヘッド分だけ下がったところ，すなわち図中に記した点 A の位置で示される．管の端では圧力ヘッドが点 B で示されるので，水力勾配線は点 A と点 B を直線で結んだ線で与えられる．エネルギー線は水力勾配線よりも $V_\mathrm{m}^2/(2g)$ だけ大きくなるので，図中の点 C と点 D を結んだ線で示される．したがって，

$$\frac{V_\mathrm{m}^2}{2g} + h_\mathrm{f} = 10\ [\mathrm{m}]$$

の関係式が得られるので，次のように解くことができる．

$$\frac{V_\mathrm{m}^2}{2g} + \lambda\frac{l}{d}\frac{V_\mathrm{m}^2}{2g} = 10\ [\mathrm{m}]$$

$$\frac{V_\mathrm{m}^2}{2g}\left(1 + \lambda\frac{l}{d}\right) = 10\ [\mathrm{m}]$$

$$V_\mathrm{m} = \sqrt{\frac{10\ [\mathrm{m}] \times 2g}{1 + \lambda(l/d)}} = \sqrt{\frac{10\ [\mathrm{m}] \times 2 \times 9.8\ [\mathrm{m/s^2}]}{1 + 0.05 \times (50\ [\mathrm{m}]/0.05\ [\mathrm{m}])}} = 1.96\ [\mathrm{m/s}]$$

$$Q = \frac{V_\mathrm{m}\pi d^2}{4} = \frac{1.96\ [\mathrm{m/s}] \times \pi(0.05\ [\mathrm{m}])^2}{4}$$
$$= 0.00385\ [\mathrm{m^3/s}] = 3.85\ [\mathrm{L/s}]$$

平均流速は 1.96 m/s，流量は 3.85 L/s となる．

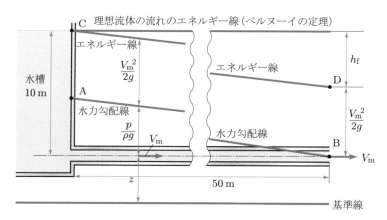

▶ 図 7.15　管端が大気に開放されている場合のエネルギー線と水力勾配線

7.3.4 ▶▶ 実用円管内流れの損失ヘッドの計算方法

私たちが実際に使用する実用管において，その内面が波打っていたり，凸凹があったりするのは普通であるが，それは砂粒の凸凹の形状とは異なっている．そこでムーディ (Lewis Ferry Moody, 1880–1953) は，このような実用管の管摩擦係数 λ を求めるため，図 7.16 に示す線図を得た．これを**ムーディ線図**という．図 7.17 は，実用管の粗さを砂粒の粗さに対応させたときに得られる**等価相対砂粒粗さ** k/d と，実用管の内径 d との関係を示した線図である．与えられた管に対する損失ヘッド h_f を求める場合には，与えられた管の種類と管内径から，図 7.17 を用いて等価相対砂粒粗さ k/d の値が求められる．この k/d の値に対応する曲線を図 7.16 の λ-Re 線図の中から選び，その曲線上の Re に対する管摩擦係数 λ の値を線図から読みとる．その λ を用いて，式 (7.21) から損失ヘッド h_f の値を計算する．

例題 ● 7.6

管内径 $d = 0.3$ [m]，長さ $l = 100$ [m] の実用鋳鉄管（管内壁の粗さ $k = 0.30$ [mm]）において，平均流速 $V_m = 3$ [m/s] の水 (20℃) が流れているとき，長さ l 間の管摩擦による損失ヘッド h_f を求めよ．ただし，管路は水平に置かれているものとし，20℃の水の密度 $\rho = 998.2$ [kg/m^3]，粘度 $\mu = 1.002 \times 10^{-3}$ [Pa·s]，重力加速度 $g = 9.81$ [m/s^2] とする．

解答 --- この例題は，図 7.12 に対応していて，実用鋳鉄管の長さ $l = 100$ [m] 間の管摩擦による損失ヘッド h_f を求める問題である．管摩擦係数を求めるときにレイノルズ数を利用するので，最初にレイノルズ数を算出しよう．

レイノルズ数 Re は，式 (7.17) より，

$$Re = \frac{\rho V_m d}{\mu} = \frac{998.2 \, [\text{kg/m}^3] \times 3 \, [\text{m/s}] \times 0.3 \, [\text{m}]}{1.002 \times 10^{-3} \, [\text{Pa·s}]} = 8.97 \times 10^5$$

となり，臨界レイノルズ数 $Re_c = 2300$ より大きいので，流れは乱流である．

実用鋳鉄管の場合には，管壁が滑らかでないので，管壁粗さを考慮して解かなければならない．図 7.17 の実用鋳鉄管の線図から，管内径 $d = 0.3$ [m] = 300 [mm] と管内壁の粗さ $k = 0.30$ [mm] に対する等価相対砂粒粗さ k/d を求めよう．図 7.17 中に描かれている鋳鉄の $k = 0.30$ [mm] の線を選んで，図 7.18(a) に示すように，この線上における $d = 300$ [mm] のときの k/d の値を左側の座標上の数値から読みとると，$k/d = 0.001$ となる．

管摩擦係数 λ の値は，$Re = 8.97 \times 10^5$ と $k/d = 0.001$ に対して，図 7.16 のムーディ線図から求める．図 7.16 の右側の k/d の値から $k/d = 0.001$ の線図を選んで，図 7.18(b) に示すように，その線上における $Re = 8.97 \times 10^5$ のときの λ の値を左側の数値から読みとると，次のようになる．

$$\lambda = 0.02$$

損失ヘッド h_f は，式 (7.21) より次のように求められる．

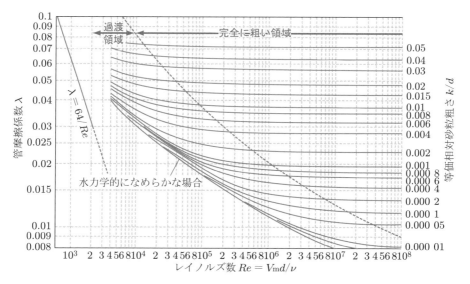

▶ 図 7.16 ムーディ線図

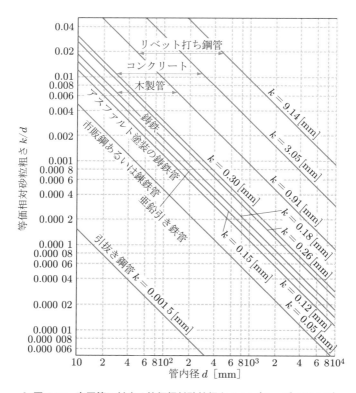

▶ 図 7.17 実用管に対する等価相対砂粒粗さ k/d（ムーディによる）

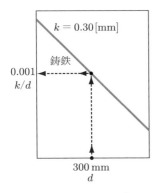

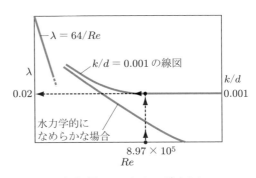

（a）図7.17によるk/dの読みとり　　　　（b）図7.16によるλの読みとり

▶ 図 7.18　例題 7.6 における数値の読みとり

$$h_\mathrm{f} = \lambda \frac{l}{d} \frac{V_\mathrm{m}^2}{2g} = 0.02 \times \frac{100\ [\mathrm{m}]}{0.3\ [\mathrm{m}]} \times \frac{(3\ [\mathrm{m/s}])^2}{2 \times 9.81\ [\mathrm{m/s^2}]}$$
$$= 0.02 \times 333 \times 0.459\ [\mathrm{m}] = 3.06\ [\mathrm{m}]$$

7.4　管路の諸損失

　流体を輸送する管路を設計するとき，どうしても管断面積の変化や空間的な曲がりを設けざるをえない場合がある．本節ではこのような場合の流れとして，急拡大管，急縮小管，ディフューザ，曲がり管をとり上げ，それらの損失について述べる．このような場合の損失ヘッド h_s は，次式で表される．

$$h_\mathrm{s} = \zeta \frac{V_\mathrm{m}^2}{2g} \tag{7.26}$$

ここで，ζ は**損失係数**といい，無次元数である．V_m は管路内の平均流速で，断面変化のあるときは平均流速の大きいほうの値を用いるのが一般的である．また，図 7.11 に示したように，水槽やタンクなどに流体が排出されるときにも，流体がもっている速度ヘッドが全部失われ，損失になる．このときの損失を**廃棄損失**といい，$\zeta = 1$ である．

7.4.1 ▶▶ 急拡大管

　図 7.19 に示すように，急拡大部では流れが管壁からはがれ（このような現象を**はく離**という），拡大管の中へ噴流のように流出し，はく離域で激しく運動する渦を生じさせる．この渦による乱れによって大きなエネルギー損失が生じるが，ある程度下流にいくとこの渦が散逸してしまい，管内の流れは一様な乱流状態になってしまう．こ

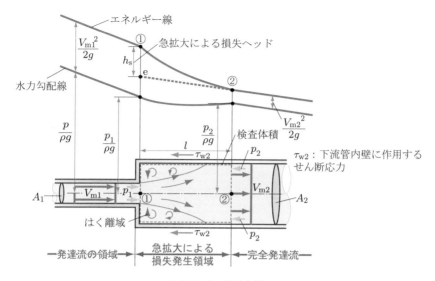

▶ 図 7.19　急拡大管

の場合の流れがもっている全ヘッドの変化は，図中に示すエネルギー線で示される．上流管のエネルギー線の傾きが下流管のそれよりも大きいのは，上流管の直径が下流管の直径より小さいので，上流管の管摩擦損失のほうが大きく現れるためである．

　急拡大管の損失ヘッド h_s は，上流管のエネルギー線の下端（図中の①）における全ヘッドと，下流側において流れが一様になる点②から下流管のエネルギー線を延長し，上流管端と交わる点（点 e）とで示される，全ヘッドの値の差として定義される．

　管の断面積が A_1 から A_2 に急拡大するとき，断面①と②での流速および圧力を，それぞれ V_{m1}，p_1，V_{m2}，p_2 としよう．このときの急拡大による損失ヘッド h_s は，図中の破線のように検査体積をとって，運動量理論と連続の式 $Q = V_{m1}A_1 = V_{m2}A_2$ を用いて，次のように求められる．

$$h_s = \frac{\xi(V_{m1} - V_{m2})^2}{2g} = \xi\left(1 - \frac{V_{m2}}{V_{m1}}\right)^2 \frac{V_{m1}^2}{2g} = \xi\left(1 - \frac{A_1}{A_2}\right)^2 \frac{V_{m1}^2}{2g}$$
$$= \zeta \frac{V_{m1}^2}{2g} \tag{7.27}$$

ξ は修正係数で，面積比 A_1/A_2 の値によって少し変化するが，ほぼ 1 である．ζ は急拡大管の損失係数で，次式で与えられる．

$$\zeta = \xi\left(1 - \frac{A_1}{A_2}\right)^2 \tag{7.28}$$

廃棄損失の場合は，A_2 は無限大と考えられるので，$A_1/A_2 = 0$，$\xi = 1$，$\zeta = 1$，$h_s = V_{m1}^2/(2g)$ となる．

例題 ● 7.7

水面の広い二つの水槽 1（上流側）と水槽 2（下流側）の間に，上流管（管路長 $L_1 = 40$ [m]，管内径 $d_1 = 200$ [mm]，管摩擦係数 $\lambda_1 = 0.03$）から下流管（管路長 $L_2 = 40$ [m]，管内径 $d_2 = 300$ [mm]，管摩擦係数 $\lambda_1 = 0.02$）に急拡大している管路が水平に取り付けられている．この急拡大管に水が流量 $Q = 0.16$ [m³/s] で流れているとき，上流管の速度ヘッド $V_{m1}^2/(2g)$，上流管の管摩擦損失ヘッド h_{f1}，下流管の速度ヘッド $V_{m2}^2/(2g)$，下流管の管摩擦損失ヘッド h_{f2}，急拡大管部の損失ヘッド h_s，および両水槽の水面差 H をそれぞれ求め，次に，これらの値から水力勾配線とエネルギー線を図示せよ．ただし，上流管入口部の助走区間を無視して流れが管の入口から完全に発達しているものとする（管入口部の損失を無視する）．重力加速度は $g = 9.81$ [m/s²] である．

解答 - - - 図 7.20 に示すような急拡大管系において，両水槽の水面差 H は全損失ヘッドに相当するので，上流管内の平均流速 V_{m1} と下流管内の平均流速 V_{m2} を求めた後，個々の損失ヘッドと速度ヘッドを求める．これらの値から，両水槽の水面差 H の値が得られ，エネルギー線と水力勾配線を描くことができる．

$d_1 = 200$ [mm] = 0.2 [m]，$d_2 = 300$ [mm] = 0.3 [m]，上流管の断面積 $A_1 = \pi d_1^2/4 = \pi \times (0.2\,[\text{m}])^2/4 = 0.0314$ [m²]，下流管の断面積 $A_2 = \pi d_2^2/4 = \pi \times (0.3\,[\text{m}])^2/4 = 0.0707$ [m²] から，上流管内の平均流速 V_{m1} と下流管内の平均流速 V_{m2} は，次のように求められる．

$$V_{m1} = \frac{Q}{A_1} = \frac{0.16\,[\text{m}^3/\text{s}]}{0.0314\,[\text{m}^2]} = 5.10\,[\text{m/s}]$$

$$V_{m2} = \frac{Q}{A_2} = \frac{0.16\,[\text{m}^3/\text{s}]}{0.0707\,[\text{m}^2]} = 2.26\,[\text{m/s}]$$

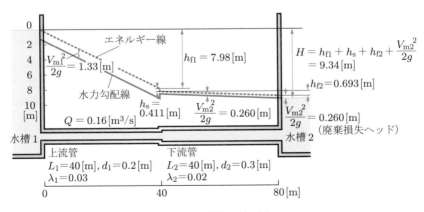

▶ **図 7.20　急拡大管の例**

上流管の速度ヘッドと管摩擦損失ヘッドは，次のように求められる．

$$\frac{V_{\mathrm{m1}}^2}{2g} = \frac{(5.10\,[\mathrm{m/s}])^2}{2 \times 9.81\,[\mathrm{m/s^2}]} = 1.33\,[\mathrm{m}]$$

$$h_{\mathrm{f1}} = \lambda_1 \frac{L_1}{d_1} \frac{V_{\mathrm{m1}}^2}{2g} = 0.03 \times \frac{40\,[\mathrm{m}]}{0.2\,[\mathrm{m}]} \times 1.33\,[\mathrm{m}] = 7.98\,[\mathrm{m}]$$

下流管の速度ヘッドと管摩擦損失ヘッドは，次のように求められる．

$$\frac{V_{\mathrm{m2}}^2}{2g} = \frac{(2.26\,[\mathrm{m/s}])^2}{2 \times 9.81\,[\mathrm{m/s^2}]} = 0.260\,[\mathrm{m}]$$

$$h_{\mathrm{f2}} = \lambda_2 \frac{L_2}{d_2} \frac{V_{\mathrm{m2}}^2}{2g} = 0.02 \times \frac{40\,[\mathrm{m}]}{0.3\,[\mathrm{m}]} \times 0.260\,[\mathrm{m}] = 0.693\,[\mathrm{m}]$$

急拡大管部の損失ヘッドは，式 (7.27) より，$\xi = 1$（一般的に，$\xi \fallingdotseq 1$）として，次のように求められる．

$$h_{\mathrm{s}} = \xi \frac{(V_{\mathrm{m1}} - V_{\mathrm{m2}})^2}{2g} = \frac{(5.10\,[\mathrm{m/s}] - 2.26\,[\mathrm{m/s}])^2}{2 \times 9.81\,[\mathrm{m/s^2}]} = 0.411\,[\mathrm{m}]$$

下流管の速度ヘッド $V_{\mathrm{m2}}^2/(2g)$ が，下流管から水槽 2 に水が排出されるときの廃棄損失ヘッドになるので，廃棄損失ヘッドは，次のように求められる．

$$\frac{V_{\mathrm{m2}}^2}{2g} = 0.260\,[\mathrm{m}]$$

両水槽の水面差 H は，図 7.20 に示されているように，全損失ヘッドに相当し，次のように求められる．

$$H = h_{\mathrm{f1}} + h_{\mathrm{s}} + h_{\mathrm{f2}} + \frac{V_{\mathrm{m2}}^2}{2g}$$
$$= 7.98\,[\mathrm{m}] + 0.411\,[\mathrm{m}] + 0.693\,[\mathrm{m}] + 0.260\,[\mathrm{m}] = 9.34\,[\mathrm{m}]$$

求めた計算値で，水力勾配線とエネルギー線を図示すると，図 7.20 のようになる．エネルギー線は，上流管入口部の損失を無視しているので，水槽 1 の水面から $L_1 = 40\,[\mathrm{m}]$ で $h_{\mathrm{f1}} = 7.98\,[\mathrm{m}]$ 減少する勾配で下がり，急拡大部の断面で $h_{\mathrm{s}} = 0.411\,[\mathrm{m}]$ だけ下がる．急拡大部からの下流では，$L_2 = 40\,[\mathrm{m}]$ で $h_{\mathrm{f2}} = 0.693\,[\mathrm{m}]$ だけ減少する勾配で下がり，下流管出口では速度ヘッドをすべて失うため $V_{\mathrm{m2}}^2/(2g) = 0.260\,[\mathrm{m}]$ だけ下がって，水槽 2 の水面に到達する．水力勾配線は，上流管（$L_1 = 40\,[\mathrm{m}]$）ではエネルギー線より速度ヘッド $V_{\mathrm{m1}}^2/(2g) = 1.33\,[\mathrm{m}]$ を差し引いた値の勾配で減少し，下流管（$L_2 = 40\,[\mathrm{m}]$）ではエネルギー線より速度ヘッド $V_{\mathrm{m2}}^2/(2g) = 0.260\,[\mathrm{m}]$ を差し引いた値の勾配で減少して水槽 2 の水面に到達する．

- -

7.4.2 ▶▶ 急縮小管

図 7.21 に，水平に置かれた急縮小管内の流れの様子とエネルギー線，水力勾配線を示す．縮小部上流の流れが矢印のように縮小部に流入すると，縮小部の角部ではく離

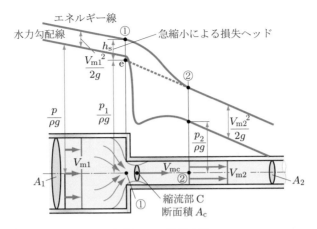

▶ 図 7.21 急縮小管

し，下流部で縮流が生じる．このため，下流側ではエネルギー損失が生じるが，拡大管の場合ほど大きくない．急縮小管の損失ヘッド h_s は，上流管エネルギー線の上流管端における全ヘッドの値①と，下流管エネルギー線の延長線上の上流管端における交点 e で示される全ヘッドとの差で定義されている．

急縮小管の損失ヘッド h_s は，急拡大管の場合と同様にして，運動量理論と連続の式を用いて次式のように得られる．ただし，縮流部 C の平均流速を V_{mc} とすれば，連続の式より $Q = V_{mc} A_c = V_{m2} A_2$ となるので，$V_{mc}/V_{m2} = A_2/A_c$ の関係を用いている．

$$h_s = \frac{(V_{mc} - V_{m2})^2}{2g} = \left(\frac{V_{mc}}{V_{m2}} - 1\right)^2 \frac{V_{m2}^2}{2g} = \left(\frac{A_2}{A_c} - 1\right)^2 \frac{V_{m2}^2}{2g}$$

$$= \left(\frac{1}{C_c} - 1\right)^2 \frac{V_{m2}^2}{2g} = \zeta \frac{V_{m2}^2}{2g} \tag{7.29}$$

ここで，ζ は次式で示される急縮小管の損失係数で，$C_c = A_c/A_2$ は収縮係数である．

$$\zeta = \left(\frac{1}{C_c} - 1\right)^2 \tag{7.30}$$

7.4.3 ▶▶ ディフューザ

図 7.22 のように，ゆるやかに拡大する管を**ディフューザ**といい，速度ヘッドを圧力ヘッドに変換させる場合に用いられる．管の広がり角 θ が小さいときは，流れは管壁に沿って流れるため，管摩擦損失が支配的であるが，θ が大きくなると，流れが壁面からはく離し，はく離のために生じる乱れにより下流管でも損失が生じる．したがってディフューザ部分の損失ヘッド h_s は，拡大管や縮小管と同様に，下流管エネルギー線をディフューザ部出口まで延長した交点 e と，ディフューザ部入口における全ヘッ

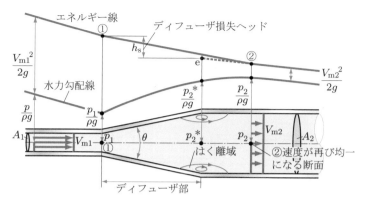

▶ 図7.22　ディフューザ

ド①との差で定義されている.

　ディフューザ部分の損失ヘッド h_s は次式で与えられる. ζ はディフューザの損失係数という.

$$h_s = \frac{\xi(V_{m1} - V_{m2})^2}{2g} \tag{7.31}$$

$$= \xi\left(1 - \frac{A_1}{A_2}\right)^2 \frac{V_{m1}^2}{2g}$$

$$= \zeta \frac{V_{m1}^2}{2g} \tag{7.32}$$

$$\zeta = \xi\left(1 - \frac{A_1}{A_2}\right)^2 \tag{7.33}$$

ここで, ξ はディフューザの修正係数で, 実験から求められている. ξ の値はディフューザの広がり角によって大きく変化し, 面積比によっても相違がある.

7.4.4 ▶▶ 曲がり管

　図7.23 に示すように, ゆるやかに曲がっている管を**ベンド**という. 直線管部からベンド内に流体が流れ込むと, 流れが曲がるため, 流体に遠心力が発生し, 曲率半径の大きい外側の圧力は大きくなり, 逆に曲率半径の小さい内側の圧力は小さくなる. ベンド中央部の断面では, 図にみられるように, 断面の中心部の流体には遠心力のためベンドの外側壁に向かう流れが生じ, 外側壁面で両側に流れが分かれ, 管壁面に沿って内側に回り込み, 一対の向かい合う**二次流れ**が断面内に発生する. この流れが主流に対し直交した二次的な運動なので, 二次流れという. したがって, ベンド内では, 主流と二次流れが合成され, 流体粒子は, 図7.23 中に描かれている流跡線のように, スパイラル（らせん）状に移動する（流体粒子 A, B, C の移動を参照）. ベンドのほ

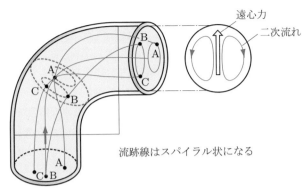

▶ 図 7.23　曲がり管（ベンド）

かに，**エルボ**という急に曲がる曲がり管もある．

曲がり管の損失ヘッド h_s は，次式で与えられる．

$$h_\mathrm{s} = \zeta \frac{V_\mathrm{m}{}^2}{2g} \tag{7.34}$$

ここで，ζ は曲がり管の損失係数である．

――――――――――――　**演習問題**　――――――――――――

7.1　管内直径 $d = 20$ [mm]，長さ $l = 100$ [m] のなめらかな円管路で流量 $Q = 500$ [cm^3/s] で油を流した場合の (1) 平均流速 V_m，(2) 圧力差 $p_1 - p_2$，(3) 最大流速 V_max，(4) 流速 u の速度分布式と $r = (0, 2, 4, 6, 8, 10)$ [mm] のときの u の値，(5) 壁面に作用するせん断応力 τ_w，(6) せん断応力 τ の分布式と $r = (0, 2, 4, 6, 8, 10)$ [mm] のときの τ の値をそれぞれ求めよ．ただし，円管路は水平に置かれ，流れは層流とし，油の密度は $\rho = 880$ [kg/m^3]，粘度は $\mu = 88.0 \times 10^{-3}$ [Pa·s] とする．

7.2　管内径 $d = 6$ [mm] の円管内を密度 $\rho = 998.2$ [kg/m^3]，粘度 $\mu = 1.002 \times 10^{-3}$ [Pa·s] の水が平均流速 $V_\mathrm{m} = 30$ [cm/s] で流れている．このときのレイノルズ数 Re の値を計算し，層流か乱流かを判定せよ．

7.3　密度 $\rho = 998.2$ [kg/m^3]，粘度 $\mu = 1.002 \times 10^{-3}$ [Pa·s] の水が管内径 $d = 8$ [mm] の円管内を流れているときのレイノルズ数は $Re = 1600$ であった．このときの平均流速 V_m の値を求めよ．

7.4　20℃の水の密度は $\rho = 998.2$ [kg/m^3]，粘度は $\mu = 1.002 \times 10^{-3}$ [Pa·s] である．水の動粘度 ν を計算せよ．

7.5　管内径 $d_1 = 30$ [mm] の円管内を水が平均流速 $V_\mathrm{m1} = 4$ [m/s] で流れている．この流れと相似の流れを，同じ水で平均流速 $V_\mathrm{m2} = 2$ [m/s] で作るには，管内径 d_2 がいくらの円管を用いたらよいか．

7.6　測定管の長さ $l = 100$ [m]，管内径 $d = 20$ [mm] のなめらかな円管路において，測定管の入口圧力ヘッド $p_1/(\rho g) = 139$ [m]，平均流速 $V_{\mathrm{m}} = 1.59$ [m/s] で油を流した場合，長さ l 間の管摩擦による損失ヘッド h_{f} と管出口圧力ヘッド $p_2/(\rho g)$ を求め，水力勾配線とエネルギー線について説明せよ．ただし，円管路は水平に置かれているものとし，油の密度は $\rho = 880$ [kg/m^3]，粘度は $\mu = 88.0 \times 10^{-3}$ [Pa·s]，重力加速度は $g = 9.81$ [m/s^2] とする．

7.7　測定管の長さ $l = 100$ [m]，管内径 $d = 20$ [mm] のなめらかな円管路において，測定管の入口圧力ヘッド $p_1/(\rho g) = 40.8$ [m] で，流量 $Q = 800$ [cm^3/s] の水 (20°C) を流した場合，長さ l 間の管摩擦による損失ヘッド h_{f} と測定管の出口圧力ヘッド $p_2/(\rho g)$ を求め，水力勾配線とエネルギー線について説明せよ．ただし，円管路は水平に置かれているものとし，20°C の水の密度は $\rho = 998.2$ [kg/m^3]，粘度は $\mu = 1.002 \times 10^{-3}$ [Pa·s]，重力加速度は $g = 9.81$ [m/s^2] とする．

7.8　長さ $l = 100$ [m]，管内径 $d = 0.075$ [m] の実用亜鉛引き鉄管（管内壁の粗さ $k = 0.15$ [mm]）において，平均流速 $V_{\mathrm{m}} = 3$ [m/s] の水 (20°C) が流れている場合，長さ l 間の管摩擦による損失ヘッド h_{f} を求めよ．ただし，管路は水平に置かれているものとし，20°C の水の密度は $\rho = 998.2$ [kg/m^3]，粘度は $\mu = 1.002 \times 10^{-3}$ [Pa·s]，重力加速度は $g = 9.81$ [m/s^2] とする．

7.9　例題 7.7 にみられるような水面の広い二つの水槽 1（上流側）と水槽 2（下流側）の間に，上流管（管路長 $L_1 = 40$ [m]，管内径 $d_1 = 200$ [mm]，管摩擦係数 $\lambda_1 = 0.03$）から下流管（管路長 $L_2 = 40$ [m]，管内径 $d_2 = 400$ [mm]，管摩擦係数 $\lambda_1 = 0.02$）に急拡大している管路が水平に取り付けられている．両水槽の水面差 $H = 14$ [m] のときの，上流管内の平均流速 V_{m1}，下流管内の平均流速 V_{m2} および流量 Q を求めよ．ただし，上流管入口部の助走区間を無視して，流れが管の入口から完全に発達しているものとする（管入口部の損失を無視する）．重力加速度は $g = 9.81$ [m/s^2] である．

8 章 　境界層

前章では，円管内の流れに代表されるような，流体が壁に囲まれて流れている場合の流れ（内部流れ）について学んだ．ここからは，流れの中に物体が置かれている場合の物体周りの流れ（外部流れ）について学ぶ．

自動車，列車，航空機，船舶などの流体力学的抵抗を低減させることは，燃料消費の節減になり，経済的にも，地球温暖化現象防止のうえでも重要である．これらの流力抵抗を低減する方法を考えるためには，物体周りの流れの様子を詳しく理解することが大切である．それには境界層という，物体の壁面に沿った非常に薄い層内の流れについて考察する必要がある．

そのため，本章では境界層について学ぼう．境界層は流体力学の初心者コースにしては難しい内容なので，ここでは基礎事項のみを説明する．

8.1 　境界層とは

一様流の中に置かれた物体の周りの流れについて考えてみよう．

一様流というのは，流速の大きさと方向とが一定の流れのことである．ここでは，流速を U_∞，流体の動粘度を ν，物体の代表長さを L とする．すると，式 (3.3) で示したように，流れのレイノルズ数 Re は次式で与えられる．

$$Re = \frac{U_\infty L}{\nu} = \frac{(慣性力)}{(粘性力)} \tag{8.1}$$

動粘度 ν が小さくなっても，または物体の代表長さ L が大きくなっても，レイノルズ数 Re は大きくなるが，ここでは，ν と L の値を変えずに，流速 U_∞ を大きくした場合の流れについて考える．流速が大きくなればレイノルズ数が増大し，いわゆる高レイノルズ数 $(Re \gg 1)$ の流れになる．このような場合には，式 (8.1) からわかるように，流れの粘性力が慣性力に比べて非常に小さくなる．レイノルズ数がさらに増大すれば，粘性力がいよいよ小さくなるので，流れの運動方程式中の粘性項を省略することができるはずである．この場合には流れはポテンシャル流れとして扱われることになるので，以下に述べるように，摩擦抗力が 0 になってしまう．しかし，われわれは経験的に，物体が受ける摩擦抗力は，レイノルズ数が増大すれば増大していくことを知っている．このような矛盾はどう考えれば解決できるだろうか．

非粘性で非圧縮性の流れを**理想流体の流れ**という．理想流体の流れで，かつ流れ中の**渦度**が 0 の場合（流体微小要素に回転がない流れのことで，**渦なし流れ**という）に

は流れのポテンシャルが存在するので，**ポテンシャル流れ**という．高レイノルズ数の流れに対し，ポテンシャル流れと仮定して流れの状態や影響を理論的に求めると，どのようなことが起こるだろうか．たとえば，図 8.1 に示すような流線形物体では，物体のごく近傍を除けば，ポテンシャル流れの理論により流れの状態や影響を求めることができる．しかし，粘性力を無視（非粘性と仮定）しているので，物体が受ける抗力は求めることができない．高レイノルズ数の流れでは，物体壁から離れた領域での速度や圧力などは，ポテンシャル流れとして理論的に得られるが，流れを非粘性として扱っているので，壁面上の速度の滑りを認めているため，物体の抵抗を計算することができない．この問題を解決するカギは，**境界層**に対する明確な考え方についてのプラントルによる発見にあった．

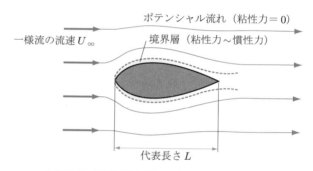

高レイノルズ数流れ，$Re = \dfrac{慣性力}{粘性力} \gg 1$，粘性力 ≪ 慣性力

ポテンシャル流れ（粘性力 ＝ 0）

境界層（粘性力 ～ 慣性力）

一様流の流速 U_∞

代表長さ L

▶ **図 8.1 流線形物体周りの高レイノルズ数流れ**

　実際の流れでは壁面上の速度が 0 から主流（**境界層外の流れ，ポテンシャル流れ**）の速度まで変化するきわめて薄い層（**境界層**という）が生じ，その層内では粘性力と慣性力とが同じオーダ（粘性力 ～ 慣性力）である．したがって，高レイノルズ数の流れでは物体から離れたところはポテンシャル流れとして解いてよいが，壁面の近くでは流れの粘性力と慣性力の両方を考慮に入れて計算しなければならなかった．

　プラントル (Ludwig Prandtl, 1875–1953) は 1904 年に，**高レイノルズ数流れ**において物体壁面近傍に生じる上述の薄い層を境界層と名づけた．境界層外の流れをポテンシャル流れと仮定して解き，境界層内では**境界層の厚さ** δ が流れ方向の長さスケール L に比べて非常に小さいことを利用して運動方程式を簡単化し，境界層内の流れを理論的に解くことに成功した．この考え方をプラントルの**境界層理論**といい，これにより流体力学は著しく発展した．

境界層について少し詳しく考えてみよう.

図 8.2 は,速度 U_∞ の一様流中に置かれた平板壁上の高レイノルズ数の流れを示す.
境界層は壁面上で発達していくので,その厚さ δ が平板の先端では 0 であるが,下流に
いくにつれて徐々に増していく. 平板壁から上方に十分離れたところでは,前述のよ
うに,流れはポテンシャル流れとして扱えるので,速度分布が速度 U_∞ で一定の直線分
布である. 仮に非粘性の流れと仮定した場合には,壁面上で流れがスリップするので,
速度分布は壁面上まで直線分布になるはずである. しかし,実際の流れには粘性があ
るので粘性の影響を受け,境界層内の流速 $u(y)$ の分布は,壁面に近づくにつれて一様
流の流速 U_∞ から減少し,壁面上で 0 になる. この速度分布は理論的には,平板から
十分遠いところでは速度が U_∞ に漸近的に到達するので,流速が減少し始める位置を
明確に決定することができない. したがって,**境界層厚さ** δ としては,壁面から流速
が主流 U_∞ の 99% の速度 $(u = 0.99U_\infty)$ になる位置までの距離として定義されている.

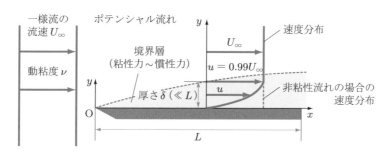

▶ **図 8.2　平板上の高レイノルズ数流れ（層流境界層）**

次に,平板の先端から下流方向に x だけ離れた位置における境界層厚さ $\delta(x)$ を求
めてみよう. 図 8.3 は境界層内の流れ中の流体微小要素にはたらく力を示している.
図のように,壁面に沿って x 軸を,壁面に垂直に y 軸をとる. z 軸は紙面に垂直で,
x,y 軸方向の長さをそれぞれ $\mathrm{d}x$,$\mathrm{d}y$ とし,z 軸方向には大きさ 1 の微小直方体を考
える. この微小直方体に作用する加速度は,式 (3.2) 中の V を u に,S を x に置き換
えれば得られる. 微小直方体の体積は $\mathrm{d}x\,\mathrm{d}y \times 1$ なので,質量は $\rho\,\mathrm{d}x\,\mathrm{d}y$ である. した
がって,この微小直方体の慣性力は,質量に加速度をかけて,次のように求められる.

$$\rho\,\mathrm{d}x\,\mathrm{d}y \cdot u\frac{\partial u}{\partial x} = \rho u\frac{\partial u}{\partial x} \cdot \mathrm{d}x\,\mathrm{d}y$$

一方,この微小直方体に作用する x 方向の粘性力は,y 軸に垂直な上下の面に作用す
るせん断応力の差となるので,下面に作用するせん断応力を τ とすると,上面に作用す

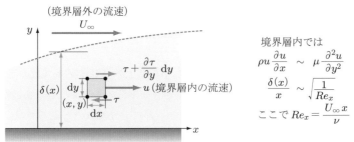

▶ 図 8.3　境界層内流れの粘性力と慣性力

るせん断応力は $\tau + (\partial\tau/\partial y)\cdot dy$ である．この微小直方体において，考えている面の面積は $dx\cdot 1$ であるから，この微小直方体に作用する x 方向の粘性力は次のようになる．

$$\frac{\partial\tau}{\partial y}\cdot dx\,dy$$

境界層内では，慣性力と粘性力とが前述のように同じオーダなので，次式が成立する．

$$\rho u\frac{\partial u}{\partial x}\cdot dx\,dy \sim \frac{\partial\tau}{\partial y}\cdot dx\,dy$$

ゆえに，次のようになる．

$$\rho u\frac{\partial u}{\partial x} \sim \frac{\partial\tau}{\partial y}$$

ここで，$\tau = \mu\partial u/\partial y$ なので，これを上式に代入すれば，次式が得られる．

$$\rho u\frac{\partial u}{\partial x} \sim \mu\frac{\partial^2 u}{\partial y^2} \tag{8.2}$$

式 (8.2) の u は境界層外の流速 U（ここでは，一様流の流速 U_∞ である）のオーダ，x は L の，y は δ のオーダなので，結局，式 (8.2) は次のように変形できる．

$$\frac{\rho U_\infty{}^2}{L} \sim \frac{\mu U_\infty}{\delta^2}$$

$$\frac{\delta^2}{L^2} \sim \frac{\mu}{\rho U_\infty L} = \frac{\nu}{U_\infty L} = \frac{1}{Re}$$

$$\therefore\ \frac{\delta}{L} \sim \frac{1}{\sqrt{Re}}$$

ここで，Re はレイノルズ数で，式 (3.3) と同じように次式で与えられる．

$$Re = \frac{U_\infty L}{\nu}$$

平板の長さ L の代わりに平板の先端からとった座標 x を用いれば，上で求めた δ の式は次のように書き改められる．

$$\frac{\delta}{x} \sim \frac{1}{\sqrt{Re_x}}$$

または，下記のように与えられる．

$$\delta \sim \frac{x}{\sqrt{Re_x}} = \sqrt{\frac{x\nu}{U_\infty}} \tag{8.3}$$

ここで，

$$Re_x = \frac{U_\infty x}{\nu} \tag{8.4}$$

である．

x が小さいところではレイノルズ数 Re_x が小さく，境界層内の流れが層流なので，境界層は**層流境界層**という．参考までに，平板上の層流境界層の厚さの厳密解を次に示しておこう．

$$\delta = 5.0\sqrt{\frac{x\nu}{U_\infty}} = \frac{5.0x}{\sqrt{Re_x}} \tag{8.5}$$

式 (8.3)，(8.5) からわかるように，下流にいけば x とともに境界層の厚さが増大していく．しかし，ある程度下流になればレイノルズ数 Re_x の増大から予測できるように，境界層内の流れは乱流になってしまう．図 8.4 に示すように，遷移域では境界層内の流れにさまざまな不安定現象が発生し，渦が生じて乱流へと遷移していく．**乱流境界層**になると，ポテンシャル流れの領域と乱流の領域との境界には，**乱流バルジ**とよばれる激しい凸凹がみられる．そのような場所で速度を計測すると，速度変動が激しいときと変動がないときとが交互にみられる．乱流境界層内の速度分布は，乱流の攪拌作用により壁の近くまであまり変化がないが，壁のごく近くで速度勾配が急になり，速度が急減するなど，層流境界層の場合と著しく異なる．

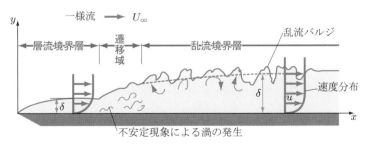

▶ **図 8.4　平板壁に沿った境界層の乱流への遷移**

一様流（流体は 20°C の空気）中に平行に置かれた平板上面に形成される境界層厚さの下流への変化と，前縁 $(x = 0)$ から $x = (4, 12, 20)$ [cm] における速度分布を図に描いて，壁面から受ける粘性の影響について考察せよ．ここでは，一様流の流速を $U_\infty = 2$ [m/s] とし，層流境界層の速度分布として下記の近似式

$$\frac{u}{U_\infty} = 2\frac{y}{\delta} - \left(\frac{y}{\delta}\right)^2$$

を用いよ．また，境界層厚さ δ は式 (8.5) を用い，流体の動粘度は $\nu = 15.12 \times 10^{-6}$ [m²/s] とせよ．

解答 --- 題意から x-y 座標の寸法を，図 8.5 に示すように適当に決め，式 (8.5) に数値を代入して境界層厚さ δ の曲線を描く．次に，$x = (4, 12, 20)$ [cm] のときの δ の値を $u/U_\infty = 2(y/\delta) - (y/\delta)^2$ に代入してそれぞれの速度分布を図に表す．図からわかるように，平板前縁から下流にいくにつれて境界層厚さが増していくが，その厚さの値が 20 cm 下流においても $\delta = 6.15$ [mm] と非常に小さい．また，下流にいくにつれて粘性の影響が壁面の上方へ伝わっていく様子は，たとえば壁面から $y = 1$ [mm] のところの速度分布が，前縁から $x = 4$ [cm], 12 [cm], 20 [cm] では，それぞれ $u = 1.19$ [m/s], 0.75 [m/s], 0.60 [m/s] と減速していることから理解できる．

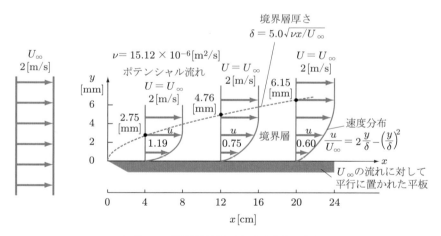

▶ **図 8.5　層流境界層厚さと速度分布の変化**

境界層厚さ δ の定義は前述のように，数学的に明確な定義にはなっていない．そこで，物理的に明確な意味をもつように定義した厚さとして**排除厚さ**が導入されている．これについて，一様流の中に置かれた平板上の境界層流れを例に説明しよう．

図 8.6(a) に示すように，ポテンシャル流れ領域は速度 U_∞ の一様流とし，平板先端から x だけ離れたところでの境界層厚さを δ とする．検査体積は検査面 OAA'O' と，奥行き長さが単位長さ 1 をもつ直方体であるが，この検査体積に流入する流量と流出する流量を求める．この検査体積の高さを h とする．ただし，h は境界層厚さ δ よりも大きな値にとる．検査面 OA から流入する流量は，流速 U_∞ で検査面 OA の面積が h なので，

$$\int_0^h U_\infty \, \mathrm{d}y = U_\infty h$$

である．一方，検査面 O'A' から流出する流量は，

$$\int_0^h u \, \mathrm{d}y$$

なので，検査面 OA から流入する流量と検査面 O'A' から流出する流量との差

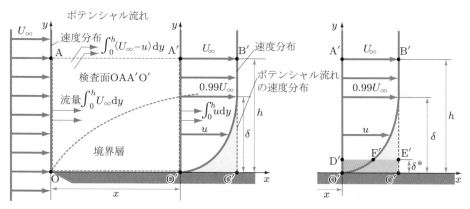

（a）境界層の形成により排除された流量 （b）排除厚さδ^*

▶ 図 8.6 平板上における境界層の排除厚さ

$$\int_0^h U_\infty \, \mathrm{d}y - \int_0^h u \, \mathrm{d}y = \int_0^h (U_\infty - u) \, \mathrm{d}y$$

は，連続の関係からわかるように，境界層の内側から検査面 AA′ を通過してポテンシャル流れ領域に押し出された流量である．すなわち，図中の水色に塗られた面積 O′B′C′ はこの流量を示し，これが境界層の形成により境界層の外へ排除された流量である．この排除された流量を主流の流速 U_∞ でスケーリングした厚さ δ^* が，排除厚さとして以下のように定義されている．

$$\delta^* = \int_0^h \frac{U_\infty - u}{U_\infty} \, \mathrm{d}y = \int_0^h \left(1 - \frac{u}{U_\infty}\right) \mathrm{d}y \tag{8.6}$$

ここで，$h > \delta$ である．また，排除された流量 $U_\infty \delta^*$ は，式 (8.6) の両辺に U_∞ をかければ得られるので，次式となる．

$$U_\infty \delta^* = \int_0^h (U_\infty - u) \, \mathrm{d}y \tag{8.7}$$

この関係は，図 (b) 中の面積 O′D′E′C′ と面積 O′B′C′ が等しいことを示している．面積 O′F′E′C′ が両者の共通部分なので，境界層の速度分布において面積 O′D′F′ と面積 F′E′B′ が等しくなるまで，すなわち，排除厚さ δ^* の分だけポテンシャル流れを境界層の外方へ押し上げたことになる．このように境界層が形成されると，ポテンシャル流れが物体壁面から外方へ δ^* だけ押し上げられたように現れるのである．

8.4 ▷ 運動量厚さ

境界層の特性を示すもう一つの厚さに，**運動量厚さ**がある．運動量厚さは，物体にはたらく摩擦抗力を計算するときに便利である．図 8.7 は，図 8.6 と同様に平板上の境界層を示したもので，検査体積も同じようにとる．ここで，検査体積において運動量の法則を適用してみよう．

運動量の法則は，第 6 章で説明したように，次式で与えられる．

$$\begin{pmatrix} 検査面から 1 秒間に \\ 流出する運動量 \end{pmatrix} - \begin{pmatrix} 検査面へ 1 秒間に \\ 流入する運動量 \end{pmatrix} = \begin{pmatrix} 検査体積内の流体に \\ はたらく力 \end{pmatrix}$$

$$\tag{8.8}$$

ここで，運動量は（密度）×（流量）×（流速）で与えられることを思い出そう．

密度を ρ，ポテンシャル流れの流速を U_∞，境界層内の速度を u とする．式 (8.8) 中の流入運動量は，検査面 OA からの流入で，図 8.7(a) にみられるように，

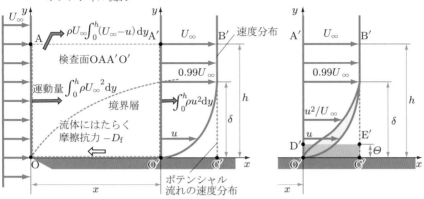

1秒間に検査面を通過する流入と流出の運動量差

$$\int_0^h \rho U_\infty{}^2 \mathrm{d}y - \int_0^h \rho u^2 \mathrm{d}y - \rho U_\infty \int_0^h (U_\infty - u)\,\mathrm{d}y$$
$$= \rho \int_0^h u(U_\infty - u)\,\mathrm{d}y$$

これが摩擦抗力 D_f に等しい.

面積O′D′E′C′(赤色の面積) と
面積O′B′O′(水色の面積) が等しい.

運動量厚さ $\Theta = \int_0^h \dfrac{u}{U_\infty}\left(1 - \dfrac{u}{U_\infty}\right)\mathrm{d}y$

（a）運動量の法則の適用 　　　　　　　（b）運動量厚さΘ

▶図 8.7　平板上における境界層の運動量厚さ

$$\int_0^h \rho U_\infty{}^2\,\mathrm{d}y$$

で与えられる．一方，流出運動量は検査面 AA′ と検査面 O′A′ からで，検査面 O′A′ からの流出運動量は，

$$\int_0^h \rho u^2\,\mathrm{d}y$$

で与えられる．また，検査面 AA′ からの流出運動量は，次のように与えられる．

$$\rho U_\infty \int_0^h (U_\infty - u)\,\mathrm{d}y = \rho U_\infty{}^2 \delta^*$$

　壁面にはたらく摩擦抗力を D_f とすれば，式 (8.8) 中の検査体積内の流体にはたらく力はこの D_f に対して作用と反作用の関係にあるので，$-D_\mathrm{f}$ で与えられる．したがって，上述の運動量の流出入と，流体にはたらく力の大きさ D_f を式 (8.8) に代入すれば，次式が得られる．

$$\left[\int_0^h \rho u^2 \, \mathrm{d}y + \rho U_\infty \int_0^h (U_\infty - u) \, \mathrm{d}y \right] - \int_0^h \rho U_\infty{}^2 \, \mathrm{d}y = -D_\mathrm{f}$$

$$\therefore \ D_\mathrm{f} = \rho \int_0^h u(U_\infty - u) \, \mathrm{d}y = \rho U_\infty{}^2 \int_0^h \frac{u}{U_\infty} \left(1 - \frac{u}{U_\infty} \right) \mathrm{d}y$$

$$= \rho U_\infty{}^2 \Theta \tag{8.9}$$

ここで Θ は運動量厚さとよばれ，次式で定義されている．

$$\Theta = \int_0^h \frac{u}{U_\infty} \left(1 - \frac{u}{U_\infty} \right) \mathrm{d}y \tag{8.10}$$

式 (8.10) の両辺に U_∞ をかけると，次の関係が得られる．

$$U_\infty \Theta = \int_0^h \left(u - \frac{u^2}{U_\infty} \right) \mathrm{d}y \tag{8.11}$$

図 8.7(b) の赤色部分の面積は，式 (8.11) の左辺が示す面積で，右辺は図中の水色で塗られた面積である．式 (8.11) は両者の面積が等しいことを示している．すなわち，粘性流れと非粘性流れとを比較したとき，粘性の影響で境界層が形成されると，赤色部分と水色部分の面積が等しくなる厚さの分だけ運動量の欠損が起こるのである．この運動量の欠損量が摩擦抗力の大きさとして現れる．したがって，式 (8.9) のように，摩擦抗力は運動量厚さ Θ が得られれば，$\rho U_\infty{}^2 \Theta$ として求められるので，運動量厚さから摩擦抗力が簡単に得られる．

例題 ● 8.2

図 8.8 のように，速度 $U_\infty = 1 \,[\mathrm{m/s}]$ で一様に流れている 20°C の水中に，一辺が 0.3 m の正方形の薄い平板が流れに対して平行に置かれている．平板壁面上には層流境界層が形成され，境界層厚さ δ，排除厚さ δ^*，運動量厚さ Θ はそれぞれ次式で与えられるものとする．ここで，$\delta = 5.0 \sqrt{\nu x / U_\infty}$，$\delta^* = 0.344\delta$，$\Theta = 0.1328\delta$ とする．この場合の後縁 ($x = 0.3 \,[\mathrm{m}]$) における境界

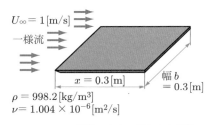

$U_\infty = 1 \,[\mathrm{m/s}]$
一様流
$x = 0.3 \,[\mathrm{m}]$　幅 $b = 0.3 \,[\mathrm{m}]$
$\rho = 998.2 \,[\mathrm{kg/m^3}]$
$\nu = 1.004 \times 10^{-6} \,[\mathrm{m^2/s}]$

▶ 図 8.8　一様流の水中に置かれた平板

層厚さ，排除厚さ，運動量厚さをそれぞれ計算せよ．ただし，20°C の水の動粘度は $\nu = 1.004 \times 10^{-6} \,[\mathrm{m^2/s}]$ とする．

解答 --- 後縁における境界層厚さ δ は，次のように計算できる．

$$\delta = 5.0 \sqrt{\frac{\nu x}{U_\infty}} = 5.0 \sqrt{\frac{1.004 \times 10^{-6} \,[\mathrm{m^2/s}] \times 0.3 \,[\mathrm{m}]}{1 \,[\mathrm{m/s}]}}$$

$$= 2.74 \times 10^{-3} \,[\mathrm{m}] = 2.74 \,[\mathrm{mm}]$$

後縁における排除厚さ δ^* は，次のように計算できる.

$$\delta^* = 0.344\delta = 0.344 \times 2.74 \times 10^{-3}\ [\text{m}] = 0.943 \times 10^{-3}\ [\text{m}]$$
$$= 0.943\ [\text{mm}]$$

後縁における運動量厚さ Θ は，次のように計算できる.

$$\Theta = 0.1328\delta = 0.1328 \times 2.74 \times 10^{-3}\ [\text{m}] = 0.364 \times 10^{-3}\ [\text{m}]$$
$$= 0.364\ [\text{mm}]$$

8.5 境界層のはく離

物体周りの流れの代表例として，これまでは一様流中に平行に置かれた平板について考えてきた．平板上の層流境界層の場合は，図 8.5 に示したように，速度分布は膨らみのある形を維持し，流れは壁面から**はく離**することはない．はく離については，7.4.1 項の急拡大管のところで少し触れた．平板上の乱流境界層の場合も，速度分布形状が層流とは大きく異なるが，層流の場合と同様に壁面から流れがはく離することはない．しかし，円柱で代表されるようなずんぐりした形状の物体の場合は，平板上の流れと大きく異なり，流れが少しでも速くなればはく離する．円柱周りの流れは第 9 章で詳しく述べるが，レイノルズ数がきわめて小さい ($Re < 3$) 場合を除けば，円柱壁面からのはく離が生じる．

境界層外側のポテンシャル流れの速度を U，圧力を p とすれば，この流れ系では位置ヘッドの変化は圧力ヘッドの変化に含まれてしまうので，ベルヌーイの定理の式 (4.7) から次式が得られる.

$$\frac{\rho}{2}U^2 + p = (\text{一定}) \tag{8.12}$$

式 (8.12) 中の U と p は，いずれも下流方向の座標 x の関数である．座標 x は，平板の場合は図 8.2 に示したように，平板先端から下流方向にとり，円柱の場合は図 8.9 に示すように，円柱表面のよどみ点 C（流線が物体壁に衝突し流速が 0 となる点）から下流方向に円柱壁に沿ってとる．圧力勾配は，上式を x で微分して次のように得られる.

$$\frac{1}{\rho}\frac{\mathrm{d}p}{\mathrm{d}x} = -U\frac{\mathrm{d}U}{\mathrm{d}x} \tag{8.13}$$

平板の場合は $U = U_\infty = (\text{一定})$ であるから，圧力勾配が存在しない ($\mathrm{d}p/\mathrm{d}x = 0$).しかし，円柱周りの流れでは図 8.9 にみられるように，よどみ点 C から最小圧力点近傍の点 A までは，ポテンシャル流れ領域の流線が互いに接近していくので，連続の式

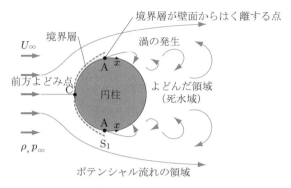

▶図 8.9　一様流中に置かれた円柱周りの流れ

からわかるように流れが加速される．しかし，点 A より下流では流線の広がりが生じるため流れは減速される．式 (8.13) からわかるように，加速流の領域では $dU/dx > 0$ なので，$dp/dx < 0$ になり，圧力が下流方向へ減少する．一方，減速流の領域では $dU/dx < 0$ なので，式 (8.13) から $dp/dx > 0$ となり，減速領域の境界層内では下流方向に圧力が増大する．境界層は非常に薄いので，層外のポテンシャル流れの圧力がそのまま境界層内の流れに作用する．下流方向に圧力が増大する境界層の場合には，円柱周りの流れのようにはく離が生じることが多い．これらについては，9.3 節で詳しく述べる．

　上述のように，ポテンシャル流れの下流方向への圧力変化により，境界層内の速度分布が強い影響を受ける．そこで，下流方向に圧力が減少する場合と増大する場合について，境界層内の速度分布の変化を考えてみよう．

　図 8.10 は，下流方向に圧力が減少する場合（ポテンシャル流れは加速流の領域）における境界層を考察した図である．図 (a) には境界層内の微小要素に作用する力と，速度分布の下流方向への変化との関係を示している．図中の流体微小要素には，上流側と下流側の圧力差による力と，壁面側と壁面から遠い側とのせん断応力差による力とが作用している．圧力差による力 $(dp/dx)\,dx = dp$ は，$dp/dx < 0$ なので，微小要素を下流方向へ押すようにはたらく．一方，せん断応力差 $(d\tau/dy)\,dy = d\tau$ は，壁面から遠ざかるほど τ が減少するので，$d\tau < 0$ である．したがって，せん断応力差はつねに負の値で，ブレーキ役を演じる．このように，圧力が減少する領域では，境界層内の流体要素を加速し，速度分布は図のようにふっくらとした形を持続し，境界層のはく離は生じない．図 (b) は横軸に u/U，縦軸に y/δ をとって下流方向への速度分布の変化をまとめたもので，これより圧力が減少する流れ領域では，下流方向に速度分布が膨らんでいくことがわかる．

$\dfrac{\mathrm{d}p}{\mathrm{d}x} < 0$ のポテンシャル流れ $U = U(x)$ では,

オイラーの運動方程式より $\dfrac{\mathrm{d}U}{\mathrm{d}x} > 0$ なので,U は加速流

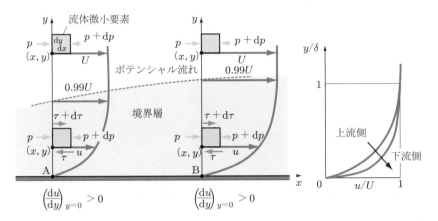

（a）境界層内の流体微小要素に作用する力と速度分布　　　（b）速度分布の変化

▶ **図8.10　下流方向に圧力が減少する境界層**

　図 8.11 は,下流方向に圧力が増加する場合,すなわち,ポテンシャル流れが減速流の領域での境界層を考察した図である.図 (a) に示すように,境界層内の流体微小要素には,せん断応力差 $(\mathrm{d}\tau/\mathrm{d}y)\,\mathrm{d}y = \mathrm{d}\tau$ は流れの逆方向にはたらいている.圧力差 $(\mathrm{d}p/\mathrm{d}x)\,\mathrm{d}x = \mathrm{d}p$ は,$\mathrm{d}p/\mathrm{d}x > 0$ なので,上流方向に押す方向にはたらくため,境界層内の流れが壁面に近いところから減速割合が大きくなっていく.このために下流側の点 B では,速度の分布形は少しやせた形となる.下流へいくにつれて壁面近傍の減速が進むので,速度分布にへこみが現れ始め,点 C では壁面上の速度勾配が $(\mathrm{d}u/\mathrm{d}y)_{y=0} = 0$ となり,ここでは壁面せん断応力の値が 0 になる.点 C のところで流線は壁面から離れ,境界層のはく離が始まる.この点 C を**はく離点**という.流体微小要素には圧力差が上流方向にはたらき続けるため,点 C からさらに下流にいくと,点 D のところのように,壁面上の速度勾配が $(\mathrm{d}u/\mathrm{d}y)_{y=0} < 0$ となって,壁面近傍には主流方向とは反対方向の逆流が現れる.図 (b) には横軸に u/U,縦軸に y/δ をとって,圧力が下流方向に増大していく境界層内の速度分布の変化の様子をまとめて示した.これより圧力勾配が正の境界層内では,速度は壁面近傍から減少し,減少の割合が下流にいけばいくほど大きくなるため,速度分布の形状に図のような変化が生じることがわかる.

$\dfrac{\mathrm{d}p}{\mathrm{d}x} > 0$ ポテンシャル流れ $U = U(x)$ では,

オイラーの運動方程式より,$\dfrac{\mathrm{d}U}{\mathrm{d}x} < 0$ なので,U は減速流

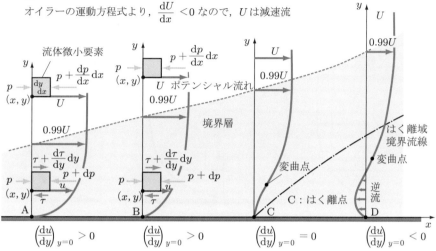

（a）境界層内の流体微小要素に作用する力と速度分布

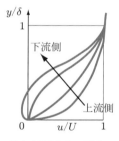

（b）速度分布の変化

▶ 図 8.11　下流方向に圧力が増加する境界層

──────── 演習問題 ────────

8.1　薄い平板が,速度 $U_\infty = 12\ [\mathrm{m/s}]$ で一様に流れている $20^\circ\mathrm{C}$ の空気中に,平行に置かれている.平板上に発達する境界層が層流から乱流へと遷移する臨界レイノルズ数を $Re_c = 5 \times 10^5$ とするとき,層流境界層の領域は前縁からどれだけの距離 x までか.ただし,$20^\circ\mathrm{C}$ の空気の動粘度は $\nu = 15.12 \times 10^{-6}\ [\mathrm{m^2/s}]$ とする.

8.2　乱流境界層の速度分布を近似的に $u/U_\infty = (y/\delta)^{1/7}$ とするとき,境界層の排除厚さ δ^* と運動量厚さ Θ を求めよ.

8.3　層流境界層の速度分布を近似的に $u/U_\infty = 2(y/\delta) - (y/\delta)^2$ とみなすとき,境界層の排除厚さ δ^* と運動量厚さ Θ を求めよ.

8.4 幅 $b = 3$ [m], 長さ $x = 1.6$ [m] の薄い平板が, 速度 $U_\infty = 2$ [m/s] で一様に流れている 20°C の空気中に平行に置かれ, 全平板上で層流境界層となっている. 層流境界層の境界層厚さ, 排除厚さ, 運動量厚さとして, ブラジウスの厳密解の $\delta = 5.0\sqrt{\nu x/U_\infty}$, $\delta^* = 0.344\delta$, $\Theta = 0.1328\delta$ を用いて, 後縁 ($x = 1.6$ [m]) における境界層厚さ δ, 排除厚さ δ^*, 運動量厚さ Θ の値を計算せよ. ただし, 20°C の空気の動粘度は $\nu = 15.12 \times 10^{-6}$ [m²/s] とする.

8.5 演習問題 8.4 において, 境界層厚さ δ, 排除厚さ δ^*, 運動量厚さ Θ を x [m] の関数式で表せ.

9_章 抗力と揚力

　航空機が飛行できるのは，翼に揚力がはたらくからである．また，凧揚げの凧が揚がるのも揚力の作用による．流れの中に置かれた物体に作用する力は，抗力と揚力に分解できるが，前章では，抗力の低減を工夫するには，物体壁面近くに生じる境界層の流れの理解が重要であることを述べた．

　野球のボールのカーブ，テニスのボールのスピンやスライスなどは，ボールの回転によって周りの気流に変化が生じ，ボールにはたらく力が変化することによって生じるものである．また，物体の形状の変化によって，物体周りの流体運動の様子が変わり，物体にはたらく揚力と抗力が変わってくる．ゴルフボールの表面に凸凹がつけられているのは，ボールを遠くへ飛ばすためである．このように物体の形状や壁面の凸凹によっても，揚力や抗力の大きさが変わるのはどうしてだろうか．

　抗力と揚力は物体周りの流れと関係する．本章では，物体周りの流れと物体にはたらく力との関係について学ぼう．

9.1　物体にはたらく力

　静止流体中を運動する物体周りの流れを考える場合，物体に座標系を固定して考えるのがよい．たとえば，図 9.1(a) に示すような走行している自動車の場合，自動車に座標系を固定して考える．そうすると，図 (b) に示すように，自動車に向かってくる気流を観測すればよいことになり，流れを定常流として考察できる．このように，物体にはたらく力を考察する場合は，流れの中に置かれた物体にはたらく力を考えるのが一般的である．

　抗力と**揚力**は，物体壁面に作用する圧力とせん断応力がその要因なので，はじめに圧力と壁面せん断応力を用いて抗力と揚力を計算する式を導いてみよう．

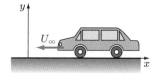
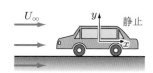

（a）静止流体中を動く物体　　　　（b）流れ中に固定した物体
　　　（静止流体に座標系を固定）　　　　　（物体に座標系を固定）

▶ **図 9.1　座標系のとり方**

図 9.2(a) に示すように，物体周りの圧力分布と壁面せん断応力分布の一例として，翼の場合を考えてみよう．流れが翼先端の前方よどみ点 C にぶつかり，翼の背面と腹面の二方向に分かれる．圧力分布は腹面側では正圧であるが，背面側では負圧になる．この時の圧力分布は，物体周りにおける境界層外のポテンシャル流れから求めることができる．その理由は，前にも述べたように，境界層が薄いので，ポテンシャル流れの速度の変化による圧力変化が直接物体壁面に作用しているからである．ベルヌーイの定理からわかるように，境界層外の流れの流速が大きいところでは壁面上の圧力が小さくなり，流速が小さいところでは圧力は大きくなる．はく離が生じる場合は難しいが，翼のような流線形物体の場合には，圧力はポテンシャル流れから容易に計算できる．一方，壁面せん断応力は，第 8 章で述べたように，流れに伴う粘性作用によって生じる．

一様流の中に置かれた物体壁面の任意の微小面積 dA に作用する力には，図 (b) のように，dA に垂直な方向に圧力 p による力 $p\,dA$ が，dA の接線方向には壁面せん断応力 τ_w による力 $\tau_w\,dA$ がはたらく．このような微小部分にはたらく力を主流 U_∞ の方向（水平方向）と主流に垂直方向の成分に分けて，物体壁面全体にわたって積分し，

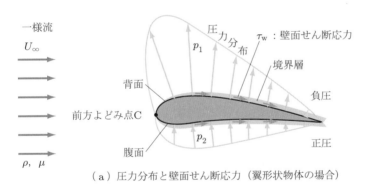

（a）圧力分布と壁面せん断応力（翼形状物体の場合）

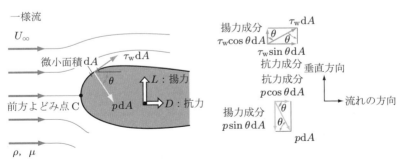

（b）抗力と揚力

▶ 図 9.2　物体周りの流れによる抗力と揚力

物体にはたらく抗力 D（水平方向分力）と揚力 L（垂直方向分力）を求める.

$$D = \int_A p \cos\theta \, dA + \int_A \tau_w \sin\theta \, dA \tag{9.1}$$

$$L = -\int_A p \sin\theta \, dA + \int_A \tau_w \cos\theta \, dA \tag{9.2}$$

抗力の式 (9.1) の第 1 項は，圧力によるものなので**圧力抗力** D_p といい，第 2 項はせん断応力による摩擦抵抗なので**摩擦抗力** D_f という．すなわち，次のようになる．

$$\text{圧力抗力 } D_p = \int_A p \cos\theta \, dA \tag{9.3}$$

$$\text{摩擦抗力 } D_f = \int_A \tau_w \sin\theta \, dA \tag{9.4}$$

$$\text{抗力} \qquad D = D_p + D_f \tag{9.5}$$

揚力の式 (9.2) における右辺第 2 項は第 1 項に比べて小さい値なので，しばしば省略され，次式で与えられる．

$$\text{揚力 } L = -\int_A p \sin\theta \, dA \tag{9.6}$$

したがって，揚力 L は，物体の上面と下面に作用する圧力差から求めてよいのである．

圧力抗力 D_p，摩擦抗力 D_f，抗力 D，揚力 L は，無次元係数 C_p, C_f, C_D, C_L を用いて，それぞれ次のように表される．

$$D_p = C_p S \frac{\rho U_\infty^2}{2} \tag{9.7}$$

$$D_f = C_f S \frac{\rho U_\infty^2}{2} \tag{9.8}$$

$$D = C_D S \frac{\rho U_\infty^2}{2} \tag{9.9}$$

$$C_D = C_p + C_f \tag{9.10}$$

$$L = C_L S \frac{\rho U_\infty^2}{2} \tag{9.11}$$

ここで，C_p は**圧力抗力係数**，C_f は**摩擦抗力係数**，C_D は**抗力係数**，C_L は**揚力係数**という．S は**基準面積** $[\mathrm{m}^2]$，ρ は流体の密度 $[\mathrm{kg/m^3}]$，U_∞ は物体に相対的な一様流の速度 $[\mathrm{m/s}]$ である．一般に，基準面積は，流れに平行に置かれた平板や，翼のような平たい物体の場合には，図 9.3(a) に示すように，上部投影面積（長さ × 幅）を用いる．また，球や円柱などのようなずんぐりとした物体（鈍頭物体）の場合には，図 (b) のように，流れに垂直な平面に物体を投影したときの面積を用いる．

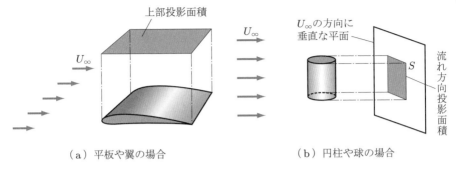

（a）平板や翼の場合 　　　　　　（b）円柱や球の場合

▶ 図 9.3　基準面積

9.2 摩擦抗力と圧力抗力

　物体にはたらく抗力は式 (9.3)〜(9.5) のように，摩擦抗力と圧力抗力の二つに分けることができるが，これらはどのようにして生じるのだろうか．図 9.4 に示すように，図 (a) の摩擦抗力が支配的な平板の場合と，図 (b) の圧力抗力が支配的な四角柱の場合について考えてみよう．

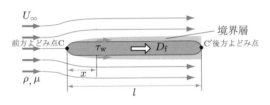

（a）摩擦抗力 D_f が支配的な場合（平板）

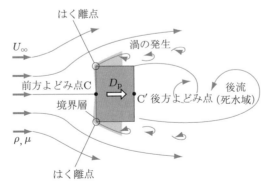

（b）圧力抗力 D_p が支配的な場合（四角柱）

▶ 図 9.4　摩擦抗力と圧力抗力

9.2.1 ▷▷ 摩擦抗力

図 9.4(a) に示すように，一様流の中に，流れに平行に置かれた二次元平板の場合には，平板上の圧力は流れの圧力と同じなので，圧力抗力が 0 となり摩擦抗力のみがかかる．その大きさ D_f は，運動量厚さ Θ を用いれば，図 8.7 で説明したように，式 (8.9) を用いて計算できる．ただし，平板には上下の 2 面があることを考慮すれば，単位幅あたりの D_f は次のように与えられる．

$$D_\mathrm{f} = 2\rho U_\infty{}^2 \Theta \tag{9.12}$$

また，流れが層流の場合のせん断応力は，1.4 節のニュートンの粘性法則のところで説明したように，速度分布を微分して得られる．したがって，壁面上のせん断応力 τ_w を求め，これを平板の前縁 C から後縁 C′ まで積分して求めてもよい．いま，平板上の微小長さ $\mathrm{d}x$ に対し，紙面に垂直方向に単位幅をもつ微小な面を考えれば，その面積 $\mathrm{d}A$ は $\mathrm{d}x \times 1 = \mathrm{d}x$ である．平板の前縁 C から x の位置における壁面せん断応力を τ_w とすると，式 (9.4) 中の θ は $\theta = 90°$ なので，微小面積 $\mathrm{d}A = \mathrm{d}x$ に作用する摩擦抗力成分は $\tau_\mathrm{w}\,\mathrm{d}x$ になる．これを平板前縁の $x = 0$ から平板の後縁 $x = l$ まで積分することにより，平板にはたらく摩擦抗力が次のように求められる．

$$D_\mathrm{f} = 2 \int_0^l \tau_\mathrm{w}\,\mathrm{d}x \quad \text{（単位幅あたり）} \tag{9.13}$$

以上をまとめると，単位幅あたりの摩擦抗力を求める式は，次のようになる．

$$D_\mathrm{f} = 2\rho U_\infty{}^2 \Theta = 2 \int_0^l \tau_\mathrm{w}\,\mathrm{d}x \tag{9.14}$$

このように，境界層内の速度分布がわかれば，Θ あるいは τ_w が求められ，摩擦抗力 D_f が算出できる．

例題 ● 9.1

例題 8.2 において，平板の両面に作用する摩擦抗力 D_f の値を求めよ．ただし，20°C の水の密度は $\rho = 998.2\ [\mathrm{kg/m^3}]$，動粘度は $\nu = 1.004 \times 10^{-6}\ [\mathrm{m^2/s}]$ とする．

解答--- 後縁における運動量厚さ Θ は，例題 8.2 の解答で $\Theta = 0.364\ [\mathrm{mm}]$ と求められている．平板の両面に作用する単位幅あたりの摩擦抗力 D_f は，式 (9.12) より次のように得られる．

$$\begin{aligned} D_\mathrm{f} &= 2\rho U_\infty{}^2 \Theta = 2 \times 998.2\ [\mathrm{kg/m^3}] \times (1\ [\mathrm{m/s}])^2 \times 0.364 \times 10^{-3}\ [\mathrm{m}] \\ &= 0.727\ [\mathrm{N/m}] \end{aligned}$$

幅 $b = 0.3\ [\mathrm{m}]$ をかけて，平板の両面に作用する摩擦抗力 D_f の値を求めると，次のようになる．

$$D_\mathrm{f} = 2\rho U_\infty{}^2 \Theta b = 0.727\ [\mathrm{N/m}] \times 0.3\ [\mathrm{m}] = 0.218\ [\mathrm{N}]$$

9.2.2 ▶▶ 圧力抗力

　ずんぐりとした形状の物体では，レイノルズ数が小さい場合を除き，圧力抗力が摩擦抗力に比べて非常に大きくなる．その最大の原因は流れのはく離によるものであるが，その例として，図 9.4(b) の四角柱周りの流れを示す．

　図のように，流線が四角柱の前面壁の中央に衝突する点 C は，そこでは流れがよどんで流速が 0 になるので，**前方よどみ点**という．また，下流側のよどみ点 C′ を**後方よどみ点**という．第 8 章で述べたように，前方よどみ点から四角柱の前面壁に沿って境界層が発達していくが，この境界層は四角柱の角からはく離する．四角柱の下流側では，図のような渦が発生し，そこではよどんだ流れになるので，**死水域**といわれている．このような物体の下流の流れを**後流**というが，死水域のために四角柱の後面壁では圧力が回復しないため，負圧が大きくなる．そのため，後方よどみ点 C′ と前方よどみ点 C における圧力の値に大きな差が生じる．一方，壁面近くでははく離のため流れが遅くなり，流れのせん断応力が小さくなるので，摩擦抗力が小さい．したがって，抗力のうち圧力抗力が支配的になる．

　一方，流線形物体の場合には，図 9.4(a) の平板周りの流れのように壁面上の境界層がはく離を起こさないので，前方よどみ点と後方よどみ点での圧力差が 0 か，あったとしてもきわめて小さくなり，その結果，圧力抗力が非常に小さくなる．

9.3 　円柱周りの流れと抗力係数

9.3.1 ▶▶ 理想流体の流れ（ポテンシャル流れ）

　円柱周りの流れを理解するためには，**理想流体**（非粘性・非圧縮）の流れで，渦度が 0 の**ポテンシャル流れ**について，まず理解しておく必要がある．円柱周りのポテンシャル流れは，図 9.5(a) に示すように，流線の様子が円柱の前後にも，上下方向にも対称である．また，$\theta < 90°$ では流線間の間隔が下流方向に狭くなる加速流であるが，$\theta > 90°$ では流線間の間隔が広がっていくので減速流になる．流体には粘性がないと仮定しているので，円柱壁面で流れがスリップし，壁面上の速度が壁面に沿った流速 V_θ のみで，次式で与えられる．

$$V_\theta = 2U_\infty \sin\theta \tag{9.15}$$

ここで，θ は前方よどみ点 C からの角度である．

　一方，円柱壁面上の圧力 p は，ベルヌーイの定理

$$p + \frac{\rho V_\theta{}^2}{2} = p_\infty + \frac{\rho U_\infty{}^2}{2} = (一定)$$

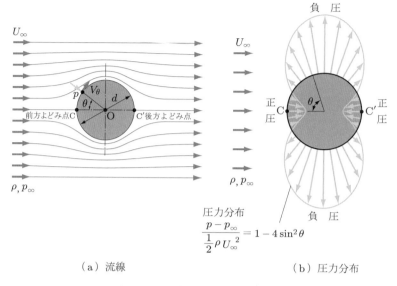

（a）流線   （b）圧力分布

▶ 図 9.5　円柱周りのポテンシャル流れ

に式 (9.15) を代入して，次のように得られる．

$$\frac{p - p_\infty}{\rho U_\infty{}^2/2} = 1 - 4\sin^2\theta \tag{9.16}$$

　上式から求めた圧力の分布を円の周りに描いて示したのが，図 9.5(b) の圧力分布である．前方および後方よどみ点ではともに流速が 0 になるので，圧力は正の最大値を示す．$\theta < 90°$ では θ の増大とともに圧力が減少し，$\theta = 30°$ では圧力は 0 になる．それより下流側では圧力が負圧で下がり続け，$\theta = 90°$ で圧力は最小値（最大負圧）になる．$\theta > 90°$ では流線間隔が広がっていくので，減速流になるため圧力が増加していく．そして，$\theta = 180°$ の後方よどみ点 C′ では，前方よどみ点 C の圧力と同じ値にまで圧力が回復する．このように円柱周りのポテンシャル流れでは，圧力分布が円柱の前後も上下も対称になるので，円柱には抗力も揚力も生じない．しかし，これは実際の流れの場合と矛盾する．これを**ダランベール** (Jean Le Rond d'Alembert, 1717–1783) **の背理**という．

9.3.2 ▶▶ 実際の流れ

　図 9.6 は，円柱の抗力係数とレイノルズ数の関係を示す．抗力係数は式 (9.9) から次式のように与えられている．

$$C_D = \frac{D}{S\rho U_\infty{}^2/2}$$

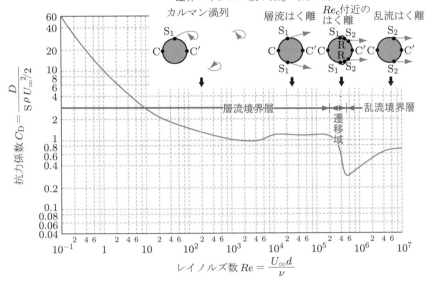

S$_1$：層流はく離点，S$_2$：乱流はく離点，R：再付着点
臨界レイノルズ数：$Re_c = 3.8 \times 10^5$

▶ 図 9.6　円柱の抗力係数

（「日本機械学会編，機械工学便覧 A5 流体工学，日本機械学会，1986」より）

ここで，D は円柱の単位長さあたりの抗力で，S は図 9.3(b) に示したように，流れに垂直な平面に投影したときの円柱の単位長さあたりの面積で，$S = d$ である．

図 9.6 は無限に長い円柱，すなわち（円柱の長さ）/（直径 d）$= \infty$ の場合について示しているが，実用的には（円柱の長さ）/（直径 d）> 100 の場合に適用できる．横軸の Re は，次式で与えられるレイノルズ数である．

$$Re = \frac{U_\infty d}{\nu}$$

(1)　低レイノルズ数流れの場合

$Re < 3$ では流れが円柱表面に沿って，表面にくっつくようにじわっと流れている．Re が 3 を超えると，はく離が起こり始める．$40 < Re < 1000$ では円柱後方部の円柱壁面上下から渦が交互に発生する．Re が 120 以上になると，この渦が千鳥状に規則正しい渦列を形成し，円柱表面から上下交互に発生するため，円柱が振動する．これは，冬に木枯らしが吹くときなどヒューヒューと電線がうなりをあげる原因になっている．この渦列を**カルマン渦列**という．図 9.7 は，円柱の後方から，カルマン渦が上下に規則正しく発生している様子を示す．$Re > 1000$ になると，カルマン渦列が不鮮明になり，円柱の後流が複雑に乱れた流れになる．

▶図 9.7　カルマン渦列の可視化写真 ($Re = 140$)

（「日本機械学会編，写真集・流れ，丸善，1984」より）

(2)　高レイノルズ数流れ（層流境界層の場合）

　$1000 < Re < 2 \times 10^5$ の高レイノルズ数の場合には，円柱壁面上の境界層が層流状態ではく離する．図 9.8(a) はその代表的な例で，$Re = 1.1 \times 10^5$ での流れである．この図にみられるように，ポテンシャル流れの図 9.5(a) と流れ状態が大きく異なるが，この違いの原因は**境界層のはく離**にある．円柱壁近くの流れでは，前方よどみ点 C から円柱壁面に沿って，第 8 章で述べた層流境界層が発達していく．この層流境界層は層流はく離点 S_1 からはく離し，下流側で渦が発生する．このはく離点 S_1 は，前方よどみ点 C から測った角度 $\theta_1 = 80°$ 付近に位置している．この図にみられるように，後

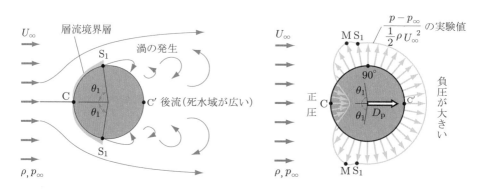

S_1：層流はく離点 ($\theta_1 \fallingdotseq 80°$)
$Re = 1.1 \times 10^5$

M ($\theta \fallingdotseq 70°$)：圧力最小の点
圧力抗力 D_p が大きい
$Re = 1.1 \times 10^5$

（a）流れの概略　　　　　　　　　　（b）圧力分布

▶図 9.8　高レイノルズ数（層流境界層はく離）の流れと圧力分布

流は渦を伴い，死水域が広がっている．

図 9.8(b) に，この場合の圧力分布を示す．円柱上の圧力が前方よどみ点 C で正の最大値をとり，下流方向に圧力は減少するので，境界層内の流速が増す．$\theta = 70°$ 付近の点 M で圧力は最低（最大負圧）になり，これより下流では圧力が増加するので，図 8.11 で説明したように，境界層内の流速が減少し始め，$\theta_1 = 80°$ 付近（点 S_1）ではく離が生じる．死水域では圧力が回復しないので，図のように大きな一定の負圧を示す．層流境界層の場合には死水域が広いので，円柱前面の正圧と円柱後面の負圧の差が大きくなるため，圧力抗力は大きくなる．このような流れ状態が $Re = 2 \times 10^5$ 程度まで続くので，抗力係数は $Re = 1 \sim 2 \times 10^5$ の範囲で $C_D \fallingdotseq 1 \sim 1.2$ とほぼ一定値を示す．

$2 \times 10^5 < Re < 5 \times 10^5$ の領域では，境界層内の流れが遷移域で層流はく離を起こした後，再付着して乱流に遷移し，$\theta = 130°$ 付近で乱流はく離する．そのため死水域がかなり狭くなるので，抗力係数が急に減少し，その最小値は $C_D \fallingdotseq 0.3$ を示す．

(3) 高レイノルズ数流れ（乱流境界層の場合）

$Re > 5 \times 10^5$ の場合には，境界層が乱流に発達してからはく離が生じる．図 9.9 は，$Re = 8.4 \times 10^6$ における流れの概略と圧力分布である．流れの様子は図 (a) のようになり，前方よどみ点 C から下流にいけば，境界層内の流れは層流から乱流に遷移する．乱流になると，乱れによる攪拌作用のため，はく離が生じにくくなるので，乱流

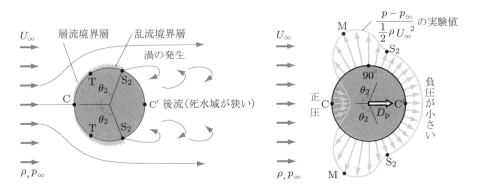

T：層流境界層から乱流境界層への遷移点
S_2：乱流はく離点（$\theta_2 \fallingdotseq 110°$）
$Re = 8.4 \times 10^6$

M（$\theta \fallingdotseq 70°$）：圧力最小の点
圧力抗力 D_p が小さい
$Re = 8.4 \times 10^6$

（a）流れの概略　　　　　　　　　　　　（b）圧力分布

▶ **図 9.9　高レイノルズ数（乱流境界層はく離）の流れと圧力分布**

境界層のはく離点が後方に移動する. このため, 乱流境界層のはく離点 S_2 は層流境界層のはく離点 S_1 より後方の $\theta_2 = 110°$ 付近になり, 死水域は層流はく離の場合より狭くなる. 圧力分布は図 (b) のようになり, $\theta = 70°$ 付近の点 M で圧力が最低（最大負圧）になるが, はく離点は後方に移動するため, 死水域での圧力の回復の程度は層流はく離の場合よりも大きくなり, 死水域における負圧は減少している. したがって, 圧力抗力は層流はく離の場合より小さくなる.

このような流れの状態はレイノルズ数が増大しても続くので, 抗力係数 C_D は図 9.6 に示したように, $C_D \fallingdotseq 0.7$ でほぼ一定となっている.

9.4 球の抗力係数

球周りの流れは円柱の場合と違って, 三次元の流れになるため, 円柱周りの流れのような規則正しい渦列や渦形状がみられない. しかし, 抗力係数 C_D とレイノルズ数 Re の関係は, 図 9.10 に示すように, 円柱の場合と類似した曲線を示す. ただし, 基準面積 S は図 9.3(b) に示したように, 球を流れに垂直な平面に投影した面積なので, 直径 d の円の面積 $S = \pi d^2/4$ である.

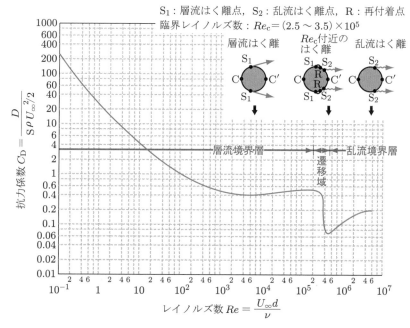

▶ **図 9.10　球の抗力係数**

（「日本機械学会編, 機械工学便覧 A5 流体工学, 日本機械学会, 1986」より）

レイノルズ数が $1000 < Re < 2 \times 10^5$ の領域は，球の周りの境界層が層流で，$\theta = 80°$ 付近で層流はく離を起こすため，死水域は広がり，抗力係数は $C_D \fallingdotseq 0.4 \sim 0.5$ とほぼ一定となる．$2 \times 10^5 < Re < 5 \times 10^5$ の領域は遷移域で，層流はく離と再付着を経て $\theta = 145°$ 付近で乱流はく離を起こすため，死水域はかなり狭くなり，C_D が最小の $C_D \fallingdotseq 0.07$ を示す．Re が増大し，$5 \times 10^5 < Re$ になると，境界層が乱流に発達してから $\theta = 120°$ 付近ではく離し，はく離点が遷移域に比べて少々前方へ戻るため，抗力が徐々に増加して，$C_D \fallingdotseq 0.2$ の一定値を示す．

9.5 　抗力の計算方法

円柱と球にはたらく抗力の値は，図 9.6 と図 9.10 の抗力係数を用いて算出される．円柱や球の抗力を計算するときは，まず，与えられた条件に対するレイノルズ数を求め，それに対応する抗力係数を図 9.6 あるいは図 9.10 より読みとった後，式 (9.9) から抗力を算出する．これについて例題で示そう．

例題 ● 9.2

図 9.11 に示すように，20°C の風速 $U_\infty = 30$ [m/s] の一様流の中に，直径 $d = 6$ [mm] の金属線が，垂直に立てられた 2 本の支柱（間隔 $l = 10$ [m]）に対して水平に張られている．この金属線にはたらく抗力 D を求めよ．ただし，20°C の空気の密度は $\rho = 1.205$ [kg/m^3]，動粘度は $\nu = 15.12 \times 10^{-6}$ [m^2/s] とする．

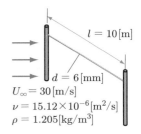

$l = 10$ [m]

$d = 6$ [mm]

$U_\infty = 30$ [m/s]
$\nu = 15.12 \times 10^{-6}$ [m^2/s]
$\rho = 1.205$ [kg/m^3]

▶ **図 9.11　金属線にはたらく力**

解答 - - - 　直径 $d = 6$ [mm] $= 6 \times 10^{-3}$ [m]．基準面積 $S = d \times l = 6 \times 10^{-3}$ [m] $\times 10$ [m] $= 0.06$ [m^2]．$l/d = 10$ [m]$/(6 \times 10^{-3}$ [m]$) = 1.667 \times 10^3 = 1.67 \times 10^3 \gg 100$ であるので，図 9.6 が使用できる．レイノルズ数 Re は，

$$Re = \frac{U_\infty d}{\nu} = \frac{30 \text{ [m/s]} \times 6 \times 10^{-3} \text{ [m]}}{15.12 \times 10^{-6} \text{ [m}^2\text{/s]}} = 1.19 \times 10^4$$

であるので，図 9.6 から，レイノルズ数 $Re = 1.19 \times 10^4$ に対する抗力係数の曲線から抗力係数を $C_D = 1.2$ と読みとる．したがって，式 (9.9) にそれぞれの数値を代入すれば，抗力 D の値は，次のように求められる．

$$D = C_D S \frac{\rho U_\infty{}^2}{2} = 1.2 \times 0.06 \text{ [m}^2\text{]} \times \frac{1.205 \text{ [kg/m}^3\text{]} \times (30 \text{ [m/s]})^2}{2}$$
$$= 39.04 \text{ [N]} = 39.0 \text{ [N]}$$

9.6 　抗力の低減

　これまでに述べてきたように，抗力の主な原因は圧力抗力によるものである．これを減らすための工夫について述べよう．摩擦抗力を減らす工夫もいろいろ研究されてきているが，これは第 8 章で少し触れた乱流境界層の研究成果から明らかになってきたものであるため，ここでは省略する．

　図 9.12 は，車のボディの形状と圧力抗力との関係を説明した図である．図 (a) の乗用車のボディの形状は，一般的にみられるように，流線形に作られている．これはボディ壁面に沿って気流がなめらかに流れるようにし，流れのはく離を防止することによって，死水域を狭くし，抗力を小さくするためである．図 (b) は，トラックの角のところで流れのはく離が生じるため，抗力は大きくなることを示している．図 (c) は，この抗力の低減対策として，トラックの角に曲板を取り付け，角部を少なくして気流がなめらかに流れるように工夫したものである．これにより，流れのはく離を防ぎ，死水域を狭くして，抗力を小さくしている．

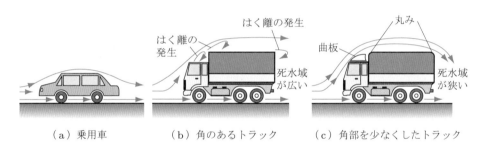

（a）乗用車　　　　　（b）角のあるトラック　　　（c）角部を少なくしたトラック

▶ **図 9.12　車の圧力抗力の低減**

　次に，物体壁面に生じる境界層のはく離を遅らせることによって，圧力抗力を低減した例を述べよう．

　図 9.13 は，ゴルフボールを遠くへ飛ばす工夫を示している．ボール表面を粗くすると，図 9.10 の遷移域が Re の小さい領域へ移動し，乱流境界層が始まる Re が小さくなり，C_D が極小になる Re は減少する．ゴルフボールの表面がなめらかであると，ゴルファーが打つゴルフボールの面上に形成される境界層は層流から乱流に遷移する直前の状態になる．このような状態で境界層がはく離すると，9.4 節で説明したように，層流境界層はく離となり，抗力が大きくなるのでボールの飛距離が伸びない．そこでゴルフボールの表面に，図のように，ディンプルという小さな丸い窪みを多数付けると，境界層内の流れが乱流に遷移し，はく離点が後方に移動する．したがって，死水域が狭まり圧力抗力が減少するので，ゴルフボールの飛距離が伸びるのである．

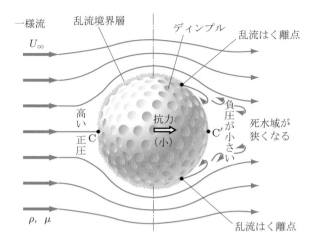

▶図 9.13　ゴルフボール周りの流れと抗力低減

9.7 ＞ 揚力

9.7.1 ▶▶ 揚力発生の原理

　揚力は，9.1 節の式 (9.6) から，物体の上面と下面の圧力差によって生じることを学んだ．この圧力差が生じる代表的な形状の物体は，図 9.2 に示したような，上下面が非対称の形状をした翼である．

　はじめに，理想流体の流れ中に置かれた二次元翼の場合について，揚力発生の原理を説明しよう．**二次元翼**というのは，翼幅が無限に長く，翼断面形状が翼幅方向に同じものをいう．図 9.14(a) に示すように，流体の密度 ρ，速度 U_∞，圧力 p_∞ の一様流の中に翼が置かれ，揚力 L が生じているとする．翼の前縁は丸みのある形状で，翼の後縁は尖っている．いま，翼の表面に沿って翼面上を右（時計）回りに一周する曲線座標 x をとる．x 軸の原点は翼の前縁で $x = 0$，後縁で $x = l_1$，そして，翼下面に沿って再び前縁に達した時の座標は $x = l_2$ である．$x = 0 \sim l_1$ の範囲を**翼背面**，$x = l_1 \sim l_2$ の範囲を**翼腹面**という．

　ここで考えているのは理想流体の流れであるから，翼の壁面上で流れがスリップし，翼の後縁で流れがなめらかに後方に流れ去っている．翼背面における圧力と流速を p_1，U_u，翼腹面の圧力と流速を p_2，U_1 とすると，次式で示すベルヌーイの定理が成立する．

$$p_\infty + \frac{\rho}{2}U_\infty{}^2 = p_1 + \frac{\rho}{2}U_\mathrm{u}{}^2 = p_2 + \frac{\rho}{2}U_1{}^2 \tag{9.17}$$

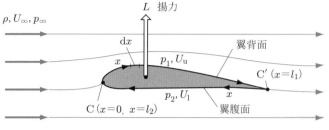

（ａ）翼形状と揚力

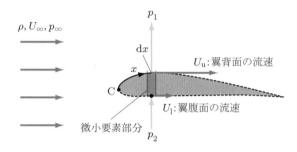

（ｂ）翼面の微小要素上の圧力と流速

▶ **図 9.14　二次元翼周りの理想流体の流れ**

　p_1 と p_2 の圧力分布は，図 9.2(a) にみられたように，翼腹面の圧力 p_2 は正の値で翼を上方に押し上げ，翼背面の圧力 p_1 は一般的に大きな負圧で翼を上方へ吸い上げる作用をしている．この圧力による合力として，揚力 L が上向きに発生する．式 (9.17) 中の p_1 は負の値なので，U_u の値が大きく，p_2 の値が正なので U_1 の値が小さい．したがって，翼背面では流れが加速され，翼腹面の流れは減速する．この圧力と流速の関係を翼の微小要素部分 $\mathrm{d}x$ について描いたのが，図 9.14(b) である．

　図 9.15 は上述の流れについて，解析的にわかりやすく説明するための図である．図 (a) に示すように，翼の微小要素部分に注目し，翼背面の流速 U_u と翼腹面の流速 U_1 を次のように分解して書くことにしよう．

$$U_\mathrm{u} = U_\infty + u_1, \quad U_1 = U_\infty - u_2 \tag{9.18}$$

　上式は，翼背面と翼腹面の流速は，理想流体の流れでは U_∞ の部分と $(u_1, -u_2)$ の部分に分解できることを示している．すなわち，図 (b) に示すように，一様流 U_∞ の流れ系Ⅰと翼周りの流れ系Ⅱの重ね合わせであると考えることができる．流れ系Ⅱの中に描かれた u_1 と u_2 の部分は，あたかも翼の背面と腹面の真ん中に中心をもつ，図に示すような**渦糸**があるかのように考えることができる．座標 x の値が変われば，それに対応した微小要素部分には，これと同様の渦糸が存在することになる．このため，

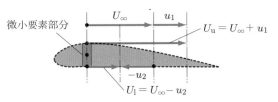

（a）翼背面と翼腹面の流速の分解

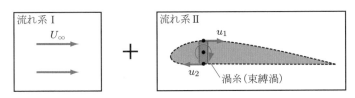

（b）流れ系ⅠとⅡの分解

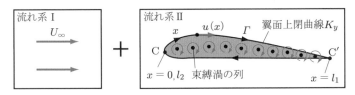

（c）翼の束縛渦

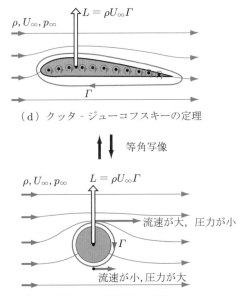

（d）クッタ‐ジューコフスキーの定理

↑↓ 等角写像

ρ, U_∞, p_∞　　$L = \rho U_\infty \Gamma$

流速が大，圧力が小

Γ

流速が小，圧力が大

（e）循環のある円柱周りの流れ

▶ 図 9.15　揚力発生の原理

図 (c) の流れ系 II の中に描かれているように，翼というものは渦糸が一列に並んだ渦列構造であると考えることができる．これらの渦糸は，翼断面内に束縛されている渦なので，**束縛渦**という．翼背面の流速，翼腹面の流速の値は翼面上で変化するので，座標 x によって束縛渦がもっている渦度の値も変化する．このような束縛渦により，翼表面上には時計回りに回転する流れ（これを循環という）が発生することになる．したがって，翼が束縛渦列を構成し，翼の周りには循環が発生することになる．**循環**は一般的に Γ と書き，次式のように定義される．

$$\Gamma = \int_0^{l_1} u_1 \, \mathrm{d}x + \int_{l_1}^{l_2} u_2 \, \mathrm{d}x = \oint_{K_y} u(x) \, \mathrm{d}x \tag{9.19}$$

ただし，$u(x)$ は図 (c) の流れ系 II における翼面上の閉曲線 K_y に沿う流速で，$\oint_{K_y} \mathrm{d}x$ は閉曲線 K_y 上の一周積分を示す記号である．

この Γ を用いれば，揚力 L は流体力学の理論から次のように与えられる．

$$L = \rho U_\infty \Gamma \tag{9.20}$$

上式は，式 (9.6) から $\sin\theta \fallingdotseq 1$ とおいて，式 (9.17) と (9.18) を用いると，次のように近似的に導出することもできる．

$$L = -\int_A p \sin\theta \, \mathrm{d}A \fallingdotseq -\oint_{K_y} p \, \mathrm{d}x = \int_0^{l_1} (-p_1) \, \mathrm{d}x - \int_{l_1}^{l_2} p_2 \, \mathrm{d}x$$

$$\fallingdotseq \int_0^{l_1} (p_2 - p_1) \, \mathrm{d}x = \int_0^{l_1} \frac{\rho}{2}(U_\mathrm{u}{}^2 - U_\mathrm{l}{}^2) \, \mathrm{d}x = \frac{\rho}{2} \int_0^{l_1} (U_\mathrm{u} + U_\mathrm{l})(U_\mathrm{u} - U_\mathrm{l}) \, \mathrm{d}x$$

$$= \frac{\rho}{2} \int_0^{l_1} [(U_\infty + u_1) + (U_\infty - u_2)] \cdot [(U_\infty + u_1) - (U_\infty - u_2)] \, \mathrm{d}x \tag{9.21}$$

ここで，$2U_\infty \gg u_1 - u_2$ なので，$u_1 - u_2$ を省略できる．ゆえに，上式は次のようになる．

$$L = \rho U_\infty \int_0^{l_1} \left(1 + \frac{u_1 - u_2}{2U_\infty}\right)(u_1 + u_2) \, \mathrm{d}x$$

$$\fallingdotseq \rho U_\infty \int_0^{l_1} (u_1 + u_2) \, \mathrm{d}x \fallingdotseq \rho U_\infty \left(\int_0^{l_1} u_1 \, \mathrm{d}x + \int_{l_1}^{l_2} u_2 \, \mathrm{d}x\right)$$

$$= \rho U_\infty \oint_{K_y} u(x) \, \mathrm{d}x$$

$$= \rho U_\infty \Gamma \tag{9.22}$$

図 (d) は上述の説明を図で表したもので，渦が束縛渦として翼断面内にのみ存在し，翼以外の流れ中には渦がない流れである．言い換えれば，翼周りの流れがポテンシャル流れである．以上の説明は流体力学では**翼理論**として知られており，**等角写像**を用

いれば，図 (d) が図 (e) のように円柱周りの流れに循環 Γ を加えた流れに写像される
ことがわかっている．

9.7.2 ▶▶ マグナス効果とクッタ－ジューコフスキーの定理

図 9.15(e) は，テニスや野球のボールにみられるスライスやドロップ，カーブが起こる理由を説明している．たとえば，ボールに回転を与えて投げた場合，流体の粘性のはたらきにより，ボールの周囲の流体には循環 Γ を与えたときと同様の流れが生じ，回転方向が図のような場合にはボールは上方へ押される力を受ける．一方，回転方向が図と逆の場合には，ボールが下向きの力を受ける．

実はこの現象は，19 世紀の初めごろ，ドイツの物理学者のマグナス (Gustav Heinrich Magnus, 1802–1870) が，大砲の弾丸が銃身を離れるときに弾丸の回転により弾丸が曲がって飛んでいく現象として発見した．この現象は彼の名にちなんで，**マグナス効果**という．しかし，当時はマグナス効果が生じる理由は明らかになっておらず，19 世紀の終わりごろに，英国のレイリー卿によって上述のような説明が初めてなされた．

揚力の大きさは式 (9.20) に示すように，一様流の速さと循環の大きさに比例する．この式を**クッタ－ジューコフスキー**［クッタ (Wilhelm Kutta, 1867–1944)，ジューコフスキー (Nikolai Egorovich Joukowsky, 1847–1921)］**の定理**という．

9.7.3 ▶▶ 翼の周りの循環と出発渦

次に，翼に発生する循環の大きさを理論的にどのように決定すればよいのか，また，揚力の発生原理に関する上述の考えは正しいかどうかという疑問が生まれてくる．これについて，プラントルとティーチェンスが重要な実験を行っている．この実験は非常に有名なので，ここで説明しておく．

彼らは水路の水面上にアルミ粉を浮かべて，二次元翼を移動させる実験を行った．図 9.16 は，この実験結果のまとめを概略的に示した図である．図 (a) は静止流体中に翼が置かれている状況を示している．静止流体中に描いた閉曲線を K とすると，流速が 0 なのでこの閉曲線上に沿った循環 Γ の値は 0 である．図 (b) は静止流体中にある翼を静止状態から急に動かした瞬間を，翼の上に乗って観察した流線の様子を描いている．翼が運動を開始した瞬間は，ポテンシャル流れと同様な挙動が現れて，図のように，翼背面の点 C′ の位置に後方よどみ点が生じ，翼の後縁では翼腹面から翼背面に回り込もうとする流れが生じるが，次の瞬間には，後方よどみ点 C′ が，図 (c) に示すように，翼の後縁に移動する．そして，翼腹面から翼背面に回り込もうとする流れは後縁からはく離して巻き上がり，**出発渦**という渦へと発達していく．この出発渦が図 (d) のように，主流に乗って下流側に流されると同時に，前方よどみ点 C は，図 (c) にみられるように，翼の前縁に一致するようになる．図 (d) には，図 (a) に描かれた

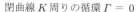

閉曲線 K 周りの循環 $\Gamma = 0$

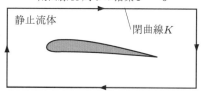

（a）静止流体中の翼

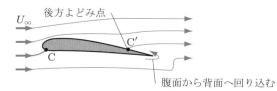

（b）翼が運動を開始した瞬間

（c）翼の後縁からの出発渦

閉曲線 K 周りの循環 $\Gamma = \Gamma_1 + \Gamma_2 = 0$ $\quad \therefore \Gamma_2 = -\Gamma_1$

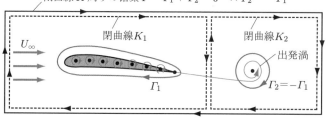

（d）出発渦と翼周りの循環 Γ_1 の生成

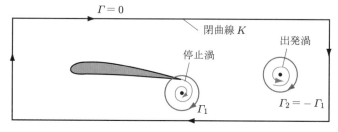

（e）翼の停止による停止渦の生成

▶ **図9.16　プラントルとティーチェンスの実験結果**

閉曲線 K が描かれているが，これを二つの閉曲線 K_1 と K_2 に分ける．閉曲線 K_1 上で周積分を行った循環の値を Γ_1，K_2 上で周積分を行った循環の値を Γ_2 とすれば，

$$\Gamma = \Gamma_1 + \Gamma_2 = 0$$

なので，次式が成立する．

$$\Gamma_2 = -\Gamma_1 \tag{9.23}$$

すなわち，閉曲線 K_1 内では束縛渦の翼断面内以外の流れ領域には渦がなく，閉曲線 K_2 内の流れ領域では出発渦以外に渦がないので，出発渦は束縛渦の強さに等しく，回転方向が逆向きである．翼が運動を開始すると，図 (d) に示すように，翼から出発渦が発生する．このとき，この出発渦と強さが同じで回転方向が逆向きの束縛渦が翼に生じ，これによる循環 Γ_1 が翼周りに発生する．次に，翼が運動を開始した後，急に翼を止めると，図 (e) に示すように，翼から出発渦と強さが同じで逆回転の**停止渦**が流れ出ることが観察された．この実験により，9.7.1 項で述べた揚力発生の原理の正しさが証明されたのである．

また，実験結果から，翼周りの循環 Γ_1 の強さは，後方よどみ点 C' が後縁に一致するように決めればよいことが明らかになった．この後縁での条件を**クッタの条件**という．

出発渦の発生は，流体に粘性という性質があるおかげであるともいえる．実際の流体には粘性があるため，これまでに述べてきたように，流れのはく離や粘性抵抗が生じる．そのため，粘性というものが人類にとって不利な条件であるかのような印象を与える．しかし，よく考えてみれば，飛行機が飛べるのも粘性のおかげであるから，粘性をうまく利用する技術を開発していけば，人類はさまざまな技術開発ができることを示唆している．この意味で，私たちが流体力学について今後とも一層深く学んでいくことには，大きな意義がある．

演習問題

9.1 幅 $b = 3$ [m]，長さ $x = 1.6$ [m] の薄い平板が，速度 $U_\infty = 2$ [m/s] で一様に流れている空気中 (20°C) に平行に置かれ，全平板で層流境界層となっている．層流境界層の境界層厚さ δ，運動量厚さ Θ に対し，ブラジウスの厳密解の $\delta = 5.0\sqrt{\nu x/U_\infty}$，$\Theta = 0.1328\delta$ を用いて，平板の両面に作用する摩擦抗力 D_f の値を求めよ．ただし，20°C の空気の密度は $\rho = 1.205$ [kg/m³]，動粘度は $\nu = 15.12 \times 10^{-6}$ [m²/s] とする．

9.2 20°C の流速 $U_\infty = 10$ [m/s] の一様流の中に，直径 $d = 1$ [mm] の金属線が，垂直に立てられた 2 本の支柱 (間隔 $l = 1$ [m]) に対して水平に張られている．この金属線にはたらく抗力 D を求めよ．ただし，20°C の水の密度は $\rho = 998.2$ [kg/m³]，動粘度は $\nu = 1.004 \times 10^{-6}$ [m²/s] とする．

9.3　直径 $d = 20$ [mm] のなめらかな球が標準気圧 (101.3 kPa)，20°C の空気中を $U_\infty = 50$ [m/s] の速さで飛んでいるとき，球にはたらく抗力 D を求めよ．ただし，標準気圧 (101.3 kPa)，20°C の空気の密度は $\rho = 1.205$ [kg/m³]，動粘度は $\nu = 15.12 \times 10^{-6}$ [m²/s] とする．

9.4　直径 $d \fallingdotseq 42$ [mm] のディンプルのあるゴルフボールが，標準気圧で気温 20°C の空気中（密度 $\rho = 1.205$ [kg/m³]，動粘度 $\nu = 15.12 \times 10^{-6}$ [m²/s]）を時速 200 km で飛んでいるとき，同じ直径のなめらかな球に比べて，ゴルフボールの抗力が半分以下になることを確認せよ．ただし，ディンプルのあるゴルフボールの臨界レイノルズ数は $Re_c \fallingdotseq (4\sim6) \times 10^4$ とする．

9.5　一様流中の平板壁面に沿って生成される層流境界層の速度分布式として，ブラジウスの厳密解とよく一致する近似式 $u/U_\infty = 2(y/\delta) - (y/\delta)^2$ を用いると，境界層厚さは $\delta = \sqrt{30} \times \sqrt{\nu x/U_\infty}$ と求められる．この速度分布式と境界層厚さの式を用いて，式 (9.14) が成り立つことを確認せよ．

9.6　図 9.5(a) に示した一様流中に置かれた円柱に，時計（右）回りの循環 Γ を加えると，円柱に揚力 $L = \rho U_\infty \Gamma$ が発生することを示せ．ただし，円柱（半径は a）表面上の流速 V_θ は循環 Γ による速度 $\Gamma/(2\pi a)$ が加わって，$V_\theta = 2U_\infty \sin\theta + \Gamma/(2\pi a)$ となる．

演習問題解答

▶▶ **1章**

1.1 $1 \, [\mathrm{kgf}] = 9.8 \, [\mathrm{N}]$ なので，$5 \, [\mathrm{kgf}] = 5 \times 9.8 \, [\mathrm{N}] = 49 \, [\mathrm{N}]$.

1.2 $1 \, [\mathrm{kgf/m^2}] = 9.8 \, [\mathrm{N/m^2}]$ なので，$20 \, [\mathrm{kgf/m^2}] = 20 \times 9.8 \, [\mathrm{N/m^2}] = 196 \, [\mathrm{N/m^2}] = 196$ [Pa].

1.3 5 kgf の液体の質量は 5 kg なので，密度 ρ は次のように求められる.

$$\rho = \frac{5 \, [\mathrm{kg}]}{1 \, [\mathrm{L}]} = \frac{5 \, [\mathrm{kg}]}{1000 \, [\mathrm{cm^3}]} = \frac{5 \, [\mathrm{kg}]}{10^{-3} \, [\mathrm{m^3}]} = 5000 \, [\mathrm{kg/m^3}]$$

1.4 まず，せん断応力 τ を求めよう.

$$\tau = \mu \frac{\mathrm{d}u}{\mathrm{d}y} = 0.05 \, [\mathrm{Pa \cdot s}] \times \frac{1 \, [\mathrm{m/s}]}{0.1 \, [\mathrm{mm}]} = \frac{0.05 \, [\mathrm{Pa \cdot m}]}{0.0001 \, [\mathrm{m}]} = 500 \, [\mathrm{Pa}]$$

力 F は次のように求められる.

$$F = \tau \times (平板の面積) = 500 \, [\mathrm{Pa}] \times 1 \, [\mathrm{m^2}] = 500 \, [\mathrm{N/m^2}] \times 1 \, [\mathrm{m^2}] = 500 \, [\mathrm{N}]$$

1.5 液体表面には表面張力 σ がはたらく. 直径 d のシャボン玉の内部の圧力を求めてみよう. 内部の圧力と外部の圧力との差を Δp とする. 解図1に示すシャボン玉の半球を考えると，表面張力による断面円周上の力はシャボン玉の液膜の外側表面と内側表面の両方に作用しているので，$2\pi d\sigma$ になる. 圧力差による力の，これとつり合う方向の成分は $\pi(d^2/4)\Delta p$ となるので，次式が成立する.

$$\pi\left(\frac{d^2}{4}\right)\Delta p = 2\pi d\sigma$$

$$\therefore \ \sigma = \frac{d\Delta p}{8} = \frac{0.03 \, [\mathrm{m}] \times 9.35 \, [\mathrm{Pa}]}{8} = \frac{0.03 \times 9.35}{8} \, [\mathrm{N/m}] = 0.0351 \, [\mathrm{N/m}]$$

1.6 図 1.7, 式 (1.10), $d = 0.8 \, [\mathrm{mm}] = 0.8 \times 10^{-3} \, [\mathrm{m}]$ より，次のようになる.

$$H = \frac{4\sigma\cos\theta}{\rho g d} = \frac{4 \times 72.8 \times 10^{-3} \, [\mathrm{N/m}] \times \cos 0°}{998.2 \, [\mathrm{kg/m^3}] \times 9.81 \, [\mathrm{m/s^2}] \times 0.8 \times 10^{-3} \, [\mathrm{m}]}$$

$$= \frac{4 \times 72.8 \times 1}{998.2 \times 9.81 \times 0.8} \, [\mathrm{m}] = 37.2 \times 10^{-3} \, [\mathrm{m}] = 37.2 \, [\mathrm{mm}]$$

1.7 式 (1.10), $d = 0.8 \, [\mathrm{mm}] = 0.8 \times 10^{-3} \, [\mathrm{m}]$ より，次のようになる.

$$H = \frac{4\sigma\cos\theta}{\rho g d} = \frac{4 \times 476 \times 10^{-3} \, [\mathrm{N/m}] \times \cos 135°}{13.55 \times 10^3 \, [\mathrm{kg/m^3}] \times 9.81 \, [\mathrm{m/s^2}] \times 0.8 \times 10^{-3} \, [\mathrm{m}]}$$

$$= \frac{4 \times 476 \times (-0.7071)}{13.55 \times 10^3 \times 9.81 \times 0.8} \, [\mathrm{m}] = -12.7 \times 10^{-3} \, [\mathrm{m}] = -12.7 \, [\mathrm{mm}]$$

解図2のように，液体が水銀の場合，接触角 θ が $135°$ であるので，表面張力は下方にはたらき，ガラス管内の水銀面は水銀の液面より 12.7 mm 降下する.

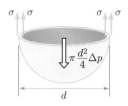

▶ 解図 1　シャボン玉の半球に
おける力のつり合い

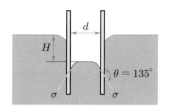

▶ 解図 2　水銀中に立てたガラス管に
おける毛管現象

▶▶ 2 章

2.1　体積を V とすると，例題 2.3 の式 (1) および $1\,[\mathrm{t}] = 1000\,[\mathrm{kgf}] = 9.8 \times 10^3\,[\mathrm{N}]$ より，次のように求められる.

$$
\begin{aligned}
W = F + \rho g V &= 9.8 \times 10^3\,[\mathrm{N}] + 1000\,[\mathrm{kg/m^3}] \times g \times 1\,[\mathrm{m^3}] \\
&= 9.8 \times 10^3\,[\mathrm{N}] + 9.8 \times 10^3\,[\mathrm{N}] = 19.6 \times 10^3\,[\mathrm{N}] = 19.6\,[\mathrm{kN}]
\end{aligned}
$$

2.2　水の密度は $\rho = 1000\,[\mathrm{kg/m^3}]$ として，深さ $H = 10\,[\mathrm{m}]$ なので，ゲージ圧 p は，次のように求められる.

$$
\begin{aligned}
p = \rho g H &= 1000\,[\mathrm{kg/m^3}] \times 9.8\,[\mathrm{m/s^2}] \times 10\,[\mathrm{m}] = 98000\,[(\mathrm{kg \cdot m/s^2})/\mathrm{m^2}] \\
&= 98000\,[\mathrm{N/m^2}] = 98000\,[\mathrm{Pa}] = 98\,[\mathrm{kPa}]
\end{aligned}
$$

2.3　水銀の密度 ρ_H は，次のように求められる.

$$
\rho_\mathrm{H} = 13.6 \times 1000\,[\mathrm{kg/m^3}] = 13600\,[\mathrm{kg/m^3}]
$$

したがって，大気の標準気圧 p_a は，次のように求められる.

$$
\begin{aligned}
p_\mathrm{a} = \rho_\mathrm{H} \times g \times H &= 13600\,[\mathrm{kg/m^3}] \times 9.8\,[\mathrm{m/s^2}] \times 0.76\,[\mathrm{m}] \\
&= 101293\,[(\mathrm{kg \cdot m/s^2})/\mathrm{m^2}] = 101293\,[\mathrm{Pa}] \fallingdotseq 101.3\,[\mathrm{kPa}]
\end{aligned}
$$

2.4　ゲージ圧 $p_0 - p_\mathrm{a}$ は，次のように求められる.

$$
\begin{aligned}
p_0 - p_\mathrm{a} = \rho_2 g H_2 - \rho_1 g H_1 &= 13.6 \times 1000\,[\mathrm{kg/m^3}] \times 9.8\,[\mathrm{m/s^2}] \times 0.3\,[\mathrm{m}] \\
&\quad - 1000\,[\mathrm{kg/m^3}] \times 9.8\,[\mathrm{m/s^2}] \times 0.1\,[\mathrm{m}] \\
&= 39.984\,[\mathrm{kN/m^2}] - 0.98\,[\mathrm{kN/m^2}] = 39\,[\mathrm{kPa}]
\end{aligned}
$$

2.5　図 2.12 より，平板の図心（中心）にはたらくゲージ圧 p_G は，$H = z_\mathrm{G} \sin 60^\circ$ とおけば，

$$
p_\mathrm{G} = \rho g H = 1000\,[\mathrm{kg/m^3}] \times 9.8\,[\mathrm{m/s^2}] \times 6\,[\mathrm{m}] = 58.8 \times 10^3\,[\mathrm{N}] = 58.8\,[\mathrm{kN}]
$$

となる. よって，全圧力 F は，式 (2.21) より次のように求められる.

$$
F = p_\mathrm{G} \times \frac{\pi d^2}{4} = 58.8\,[\mathrm{kN/m^2}] \times \frac{\pi \times (1\,[\mathrm{m}])^2}{4} = 46.2\,[\mathrm{kN}]
$$

▶▶ 3 章

3.1　式 (3.4) を適用して，$L_1 U_1 / \nu_1$（実物）$= L_2 U_2 / \nu_2$（模型）から求める. $L_2/L_1 = 5$，$\nu_1 = 1.004 \times 10^{-6}\,[\mathrm{m^2/s}]$，$\nu_2 = 15.12 \times 10^{-6}\,[\mathrm{m^2/s}]$ であるから，次のようになる.

$$U_2 = \frac{L_1}{L_2}\frac{\nu_2}{\nu_1}U_1 = \frac{1}{5} \times \frac{15.12 \times 10^{-6} \; [\mathrm{m^2/s}]}{1.004 \times 10^{-6} \; [\mathrm{m^2/s}]}U_1 = 3.01 U_1$$

ゆえに，風洞の流速は魚の泳ぐ速度の 3.01 倍にする必要がある．

3.2 実物と模型のレイノルズ数が同じになる必要があるから，式 (3.4) の $L_1 U_1/\nu_1$（実物）$= L_2 U_2/\nu_2$（模型）から求められる．$U_1 = 100 \; [\mathrm{km/h}] = 27.8 \; [\mathrm{m/s}]$，$L_1 = 4 \; [\mathrm{m}]$，$\nu_1 = 15.12 \times 10^{-6} \; [\mathrm{m^2/s}]$，$\nu_2 = 1.004 \times 10^{-6} \; [\mathrm{m^2/s}]$ である．したがって，次のようになる．

$$U_2 = \frac{L_1}{L_2}\frac{\nu_2}{\nu_1}U_1 = 10 \; [\mathrm{m/s}]$$

$$\therefore \; L_2 = \frac{\nu_2}{\nu_1}\frac{U_1}{10 \; [\mathrm{m/s}]}L_1$$

$$= \frac{1.004 \times 10^{-6} \; [\mathrm{m^2/s}]}{15.12 \times 10^{-6} \; [\mathrm{m^2/s}]} \times \frac{27.8 \; [\mathrm{m/s}]}{10 \; [\mathrm{m/s}]} \times 4 \; [\mathrm{m}] = 0.738 \; [\mathrm{m}]$$

3.3 レイノルズ数が同じになればよいので，

$$\frac{V_{\mathrm{m1}}d_1}{\nu_1} = \frac{V_{\mathrm{m2}}d_2}{\nu_2}$$

が成り立つ．同じ水ということから $\nu_1 = \nu_2$ となるので，上式から次のように得られる．

$$\therefore \; V_{\mathrm{m2}} = V_{\mathrm{m1}}\frac{d_1}{d_2} = 2 \; [\mathrm{m/s}] \times \frac{10 \; [\mathrm{mm}]}{20 \; [\mathrm{mm}]} = 2 \; [\mathrm{m/s}] \times \frac{10}{20} = 1 \; [\mathrm{m/s}]$$

3.4 レイノルズ数が同じになればよいので，

$$\frac{V_{\mathrm{m1}}d_1}{\nu_1} = \frac{V_{\mathrm{m2}}d_2}{\nu_2}$$

が成り立つ．$Q_1 = V_{\mathrm{m1}}(\pi d_1{}^2/4)$，$Q_2 = V_{\mathrm{m2}}(\pi d_2{}^2/4)$ を上式へ代入して，V_{m1} と V_{m2} を消去すると，

$$\frac{Q_1}{\nu_1 d_1} = \frac{Q_2}{\nu_2 d_2}$$

を得る．同じ水であるので，$\nu_1 = \nu_2$ となるから，上式から次のように求められる．

$$\frac{Q_1}{d_1} = \frac{Q_2}{d_2}$$

$$\therefore \; Q_2 = \frac{d_2}{d_1}Q_1 = \frac{10 \; [\mathrm{cm}]}{100 \; [\mathrm{cm}]} \times 0.1 \; [\mathrm{m^3/s}] = 0.01 \; [\mathrm{m^3/s}]$$

3.5 レイノルズ数が同じになればよいので，

$$\frac{V_{\mathrm{m1}}d_1}{\nu_1} = \frac{V_{\mathrm{m2}}d_2}{\nu_2}$$

が成り立つ．上式より，次のように求められる．

$$\therefore \; d_2 = \frac{V_{\mathrm{m1}}}{V_{\mathrm{m2}}}\frac{\nu_2}{\nu_1}d_1$$

$$= \frac{5 \; [\mathrm{m/s}]}{1 \; [\mathrm{m/s}]} \times \frac{1.004 \times 10^{-6} \; [\mathrm{m^2/s}]}{0.100 \times 10^{-3} \; [\mathrm{m^2/s}]} \times 100 \; [\mathrm{cm}] = 5.02 \; [\mathrm{cm}]$$

▶▶ **4 章**

4.1 上流管の内径，管内断面積，平均流速を d_1, A_1, V_1, 下流管の内径，管内断面積，平均流速を d_2, A_2, V_2, とすると，$A_1 = \pi d_1{}^2/4$, $A_2 = \pi d_2{}^2/4$, $d_2 = d_1/2$ と連続の式の式 (4.2) より，次のように求められる.

$$Q = A_1 V_1 = A_2 V_2$$

$$\therefore\ V_2 = \left(\frac{d_1}{d_2}\right)^2 V_1 = 2^2 \times 3\ [\mathrm{m/s}] = 12\ [\mathrm{m/s}]$$

4.2 式 (4.7) より，速度ヘッド $V^2/(2g)$，圧力ヘッド $p/(\rho g)$ は次のようになる.

$$\frac{V^2}{2g} = \frac{(3\ [\mathrm{m/s}])^2}{2 \times 9.81\ [\mathrm{m/s^2}]} = 0.459\ [\mathrm{m}]$$

$$\frac{p}{\rho g} = \frac{10 \times 10^3\ [\mathrm{Pa}]}{998.2\ [\mathrm{kg/m^3}] \times 9.81\ [\mathrm{m/s^2}]} = 1.02\ [\mathrm{m}]$$

4.3 ベルヌーイの定理の式 (4.7) において，$z_1 = z_2$ とおけば，次のようになる.

$$\frac{V_1{}^2}{2g} + \frac{p_1}{\rho g} = \frac{V_2{}^2}{2g} + \frac{p_2}{\rho g}$$

$$\therefore\ p_2 = p_1 + \frac{\rho}{2}(V_1{}^2 - V_2{}^2) = p_1 + \frac{998.2\ [\mathrm{kg/m^3}]}{2} \times [(3\ [\mathrm{m/s}])^2 - (12\ [\mathrm{m/s}])^2]$$

$$= p_1 - 67.4 \times 10^3\ [\mathrm{Pa}] = p_1 - 67.4\ [\mathrm{kPa}]$$

下流管の圧力は上流管の圧力に比べて 67.4 kPa 下がる.

4.4 図 4.8(b) より，$h = p/(\rho g)$ であるから，水鉄砲内のゲージ圧は次のようになる.

$$\therefore\ p = \rho g h = 998.2\ [\mathrm{kg/m^3}] \times 9.81\ [\mathrm{m/s^2}] \times 1\ [\mathrm{m}]$$

$$= 9.79 \times 10^3\ [\mathrm{Pa}] = 9.79\ [\mathrm{kPa}]$$

4.5 水の密度を ρ_w，水銀の密度を ρ_H と書くことにする．流れに摩擦がないと仮定するので，管中央を流れる流線上の点①と②でベルヌーイの定理が成立する．よって，

$$\frac{V_1{}^2}{2g} + \frac{p_1}{\rho_\mathrm{w} g} = \frac{V_2{}^2}{2g} + \frac{p_2}{\rho_\mathrm{w} g} \tag{1}$$

連続の式より次式が成立する.

$$Q = \frac{\pi d_1{}^2 V_1}{4} = \frac{\pi d_2{}^2 V_2}{4} \tag{2}$$

$$\therefore\ V_2 = \left(\frac{d_1}{d_2}\right)^2 V_1 \tag{3}$$

上式を式 (1) に代入し，式を整理する.

$$\frac{p_1}{\rho_\mathrm{w} g} - \frac{p_2}{\rho_\mathrm{w} g} = \frac{V_2{}^2}{2g} - \frac{V_1{}^2}{2g} = \frac{V_1{}^2}{2g}\left(\frac{V_2{}^2}{V_1{}^2} - 1\right) = \frac{V_1{}^2}{2g}\left[\left(\frac{V_2}{V_1}\right)^2 - 1\right] \tag{4}$$

式 (2) と式 (3) より，次式が得られる.

$$\frac{V_2}{V_1} = \left(\frac{d_1}{d_2}\right)^2 = \left(\frac{10\ [\mathrm{cm}]}{5\ [\mathrm{cm}]}\right)^2 = 4 \tag{5}$$

$$V_1 = \frac{Q}{\pi d_1{}^2/4} = \frac{0.03\ [\text{m}^3/\text{s}]}{\pi(0.1\ [\text{m}])^2/4} = 3.82\ [\text{m/s}] \tag{6}$$

式 (4) に式 (5), (6) の数値を代入すれば, 次式のようになる.

$$\frac{p_1}{\rho_{\text{w}}g} - \frac{p_2}{\rho_{\text{w}}g} = \frac{(3.82\ [\text{m/s}])^2}{2 \times 9.81\ [\text{m/s}^2]} \times (4^2 - 1) = 11.16\ [\text{m}] = 11.2\ [\text{m}] \tag{7}$$

U 字管マノメータにおける圧力差を $p_1 - p_2$ として,

$$p_1 - p_2 = \rho_{\text{H}}gh - \rho_{\text{w}}gh = (\rho_{\text{H}} - \rho_{\text{w}})gh \tag{8}$$

が成立するので, h は式 (7), (8) より次のように求められる.

$$h = \frac{p_1 - p_2}{(\rho_{\text{H}} - \rho_{\text{w}})g} = \frac{11.2\ [\text{m}] \times \rho_{\text{w}}g}{(\rho_{\text{H}} - \rho_{\text{w}})g}$$
$$= \frac{11.2\ [\text{m}]}{\rho_{\text{H}}/\rho_{\text{w}} - 1} = \frac{11.2\ [\text{m}]}{13.6 - 1} = 0.889\ [\text{m}] = 889\ [\text{mm}]$$

4.6 水の噴出高さ H はノズル出口の水流の速度 $V^2/(2g)$ に等しい. したがって, ベルヌーイの定理より, 次のように求められる.

$$H = \frac{V^2}{2g} = \frac{1\ [\text{kPa}]}{\rho g}$$
$$= \frac{1000\ [\text{N/m}^2]}{1000\ [\text{kg/m}^3] \times 9.81\ [\text{m/s}^2]} = 0.102\ [\text{m}] = 10.2\ [\text{cm}]$$

▶▶ **5 章**

5.1 図 5.1 とピトー管係数が 1 より, $h = V^2/(2g)$ となるので, 川の流速は次のようになる.

$$V = \sqrt{2gh} = \sqrt{2 \times 9.81\ [\text{m/s}^2] \times 0.204\ [\text{m}]} = 2.00\ [\text{m/s}]$$

5.2 円管の中心線上の点①の圧力, 流速をそれぞれ p_1, u_1, 中心線上に置かれたピトー管先端の点②の圧力, 流速をそれぞれ p_2, $u_2 = 0$ とすると, ベルヌーイの定理から次式が得られる.

$$\frac{p_1}{\rho g} + \frac{u_1{}^2}{2g} = \frac{p_2}{\rho g}$$

上式から流速 u_1 は次式となる.

$$u_1 = \sqrt{\frac{2(p_2 - p_1)}{\rho}} \tag{1}$$

U 字管マノメータにおいては, 次式が成り立つ.

$$p_1 + \rho'gh = p_2 + \rho gh$$

上式から次式が得られる.

$$p_2 - p_1 = (\rho' - \rho)gh$$

上式を式 (1) に代入すると, 次式が得られる.

$$u_1 = \sqrt{2\left(\frac{\rho'}{\rho} - 1\right)gh} \tag{2}$$

5.3 $\rho'/\rho = 13.6$, $g = 9.81 \, [\mathrm{m/s^2}]$, $h = 0.370 \, [\mathrm{m}]$ なので，これらの数値を演習問題 5.2 の解答の式 (2) に代入すると，次のように得られる．

$$u_1 = \sqrt{2\left(\frac{\rho'}{\rho} - 1\right)gh}$$

$$= \sqrt{2 \times (13.6 - 1) \times 9.81 \, [\mathrm{m/s^2}] \times 0.370 \, [\mathrm{m}]} = 9.56 \, [\mathrm{m/s}]$$

5.4 5.2 節で示した管内オリフィスの流量係数 α の式より，$\beta^2 = (d/D)^2 = (40 \, [\mathrm{mm}]/100 \, [\mathrm{mm}])^2 = 0.16$ を代入して，

$$\alpha = \frac{C_\mathrm{v} C_\mathrm{c}}{\sqrt{1 - (C_\mathrm{c}\beta^2)^2}} = \frac{0.980 \times 0.618}{\sqrt{1 - (0.618 \times 0.16)^2}} = 0.609$$

となる．U 字管マノメータにおける圧力に関する式は，水と水銀の密度を ρ_w, ρ_H とすれば，

$$p_1 + \rho_\mathrm{w} gh = p_2 + \rho_\mathrm{H} gh$$

$$\therefore \ p_1 - p_2 = (\rho_\mathrm{H} - \rho_\mathrm{w})gh$$

となるので，この式を式 (5.10) の流量式に代入すると，次式が得られる．

$$Q = \alpha \frac{\pi d^2}{4} \sqrt{\frac{2(p_1 - p_2)}{\rho_\mathrm{w}}} = \alpha \frac{\pi d^2}{4} \sqrt{2\left(\frac{\rho_\mathrm{H}}{\rho_\mathrm{w}} - 1\right)gh}$$

この流量式に数値を代入して，流量を求めると，次のようになる．ただし，水銀の比重は $\rho_\mathrm{H}/\rho_\mathrm{w} = 13.6$ である．

$$Q = \alpha \frac{\pi d^2}{4} \sqrt{2\left(\frac{\rho_\mathrm{H}}{\rho_\mathrm{w}} - 1\right)gh}$$

$$= 0.609 \times \frac{\pi \times (0.04 \, [\mathrm{m}])^2}{4} \times \sqrt{2 \times (13.6 - 1) \times 9.81 \, [\mathrm{m/s^2}] \times 0.260 \, [\mathrm{m}]}$$

$$= 6.14 \times 10^{-3} \, [\mathrm{m^3/s}] = 6.14 \, [\mathrm{L/s}]$$

5.5 図 5.5 より，$h = p_1/(\rho g) - p_2/(\rho g) = (p_1 - p_2)/(\rho g)$ となるので，この式を流量式の式 (5.11) に代入すると，次式が得られる．

$$Q = \frac{C A_2}{\sqrt{1 - (A_2/A_1)^2}} \sqrt{\frac{2(p_1 - p_2)}{\rho}} = \frac{C A_2}{\sqrt{1 - (A_2/A_1)^2}} \sqrt{2gh}$$

$A_2 = \pi d_2{}^2/4 = \pi \times (0.06 \, [\mathrm{m}])^2/4 = 0.00283 \, [\mathrm{m^2}]$, $A_2/A_1 = (d_2/d_1)^2 = (60 \, [\mathrm{mm}]/120 \, [\mathrm{mm}])^2 = 0.25$ であるので，上式に数値を代入して流量を求めると，次のようになる．

$$Q = \frac{C A_2}{\sqrt{1 - (A_2/A_1)^2}} \sqrt{2gh}$$

$$= \frac{0.98 \times 0.00283 \, [\mathrm{m^2}]}{\sqrt{1 - (0.25)^2}} \times \sqrt{2 \times 9.81 \, [\mathrm{m/s^2}] \times 0.4 \, [\mathrm{m}]}$$

$$= 8.02 \times 10^{-3} \, [\mathrm{m^3/s}] = 8.02 \, [\mathrm{L/s}]$$

▶▶ 6 章

6.1 6.3.1 項の説明を読み，式に数値を代入すればよい．

$$F = 1000 \, [\text{kg/m}^3] \times \frac{\pi(0.03 \, [\text{m}])^2}{4} \times (40 \, [\text{m/s}])^2 = 1.13 \times 10^3 \, [\text{N}] = 1.13 \, [\text{kN}]$$

6.2 例題 6.1 の解答の式に数値を代入すればよい．

$$F = 1000 \, [\text{kg/m}^3] \times \frac{\pi(0.03 \, [\text{m}])^2}{4} \times (40 \, [\text{m/s}] - 10 \, [\text{m/s}])^2 = 636 \, [\text{N}]$$

6.3 移動速度を U とすれば，例題 6.2 の解答の V に $V - U$ を代入して，それに数値を代入すればよい．

$$F = \rho \frac{\pi d^2}{4}(V - U)^2(1 - \cos\theta)$$

$$= 1000 \, [\text{kg/m}^3] \times \frac{\pi(0.03 \, [\text{m}])^2}{4} \times (40 \, [\text{m/s}] - 10 \, [\text{m/s}])^2(1 - \cos 30°)$$

$$= 636.3(1 - 0.866) \, [\text{kg·m/s}^2] = 85.3 \, [\text{N}]$$

6.4 平板に作用する力の大きさ F は，式 (6.8) から求めることができる．したがって，以下のようになる．

$$F = \rho Q V \sin\theta = 998.2 \, [\text{kg/m}^3] \times 0.01 \, [\text{m}^3/\text{s}] \times 10 \, [\text{m/s}] \times \sin 45° = 70.6 \, [\text{N}]$$

平板に沿って上下方向に分かれる流量 q_1 と q_2 は式 (6.9) と (6.10) から求めることができる．したがって，以下のようになる．

$$q_1 = \frac{(1 + \cos\theta)Q}{2} = (1 + \cos 45°) \times \frac{0.01 \, [\text{m}^3/\text{s}]}{2}$$

$$= 8.54 \times 10^{-3} \, [\text{m}^3/\text{s}] = 8.54 \, [\text{L/s}]$$

$$q_2 = \frac{(1 - \cos\theta)Q}{2} = (1 - \cos 45°) \times \frac{0.01 \, [\text{m}^3/\text{s}]}{2}$$

$$= 1.46 \times 10^{-3} \, [\text{m}^3/\text{s}] = 1.46 \, [\text{L/s}]$$

6.5 連続の式より，$A_1 = A_2 = A$ であるから，$V_1 = V_2 = V$ となる．よって，ベルヌーイの定理により，$p_1 = p_2 = p$ となる．F の x 方向成分，y 方向成分を F_x, F_y とすると，運動量の法則より，次式が成り立つ（式 (6.11) と (6.12) を参照）．

$$\rho Q V \cos 90° - \rho Q V = pA - pA\cos 90° - F_x$$

$$\therefore \ F_x = \rho Q V + pA \tag{1}$$

$$\rho Q V \sin 90° - 0 = 0 - pA\sin 90° - F_y$$

$$\therefore \ F_y = -\rho Q V - pA \tag{2}$$

したがって，曲がり管にはたらく力の大きさ F とその方向 α は式 (1), (2) を用いて，

$$F = \sqrt{F_x{}^2 + F_y{}^2} = \sqrt{(\rho Q V + pA)^2 + (-\rho Q V - pA)^2}$$

$$= \sqrt{2}(\rho Q V + pA) \tag{3}$$

$$\alpha = \tan^{-1}\frac{F_y}{F_x} = \tan^{-1}\frac{-\rho Q V - pA}{\rho Q V + pA} = \tan^{-1}(-1) = -45°$$

となる．なお，曲がり管の外側には大気圧 p_a がはたらいているので，大気圧 p_a を考慮すれば，式 (3) の p はゲージ圧となる．

6.6 曲がり管入口，出口の管内断面積 A_1, A_2 は

$$A_1 = \frac{\pi {d_1}^2}{4} = \frac{\pi (0.2\ [\mathrm{m}])^2}{4} = 0.03142\ [\mathrm{m}^2] = 0.0314\ [\mathrm{m}^2]$$

$$A_2 = \frac{\pi {d_2}^2}{4} = \frac{\pi (0.1\ [\mathrm{m}])^2}{4} = 0.007854\ [\mathrm{m}^2] = 0.00785\ [\mathrm{m}^2]$$

となるので，曲がり管入口，出口の流速 V_1, V_2 は式 (4.2) より，

$$V_1 = \frac{Q}{A_1} = \frac{0.06\ [\mathrm{m}^3/\mathrm{s}]}{0.0314\ [\mathrm{m}^2]} = 1.911\ [\mathrm{m/s}] = 1.91\ [\mathrm{m/s}]$$

$$V_2 = \frac{Q}{A_2} = \frac{0.06\ [\mathrm{m}^3/\mathrm{s}]}{0.00785\ [\mathrm{m}^2]} = 7.643\ [\mathrm{m/s}] = 7.64\ [\mathrm{m/s}]$$

となる．ベルヌーイの定理の式 (4.7) より，$z_1 = z_2$ であるから，

$$\frac{{V_1}^2}{2g} + \frac{p_1}{\rho g} = \frac{{V_2}^2}{2g} + \frac{p_2}{\rho g}$$

となる．これより，出口圧力 p_2 は

$$p_2 = p_1 + \frac{\rho}{2}({V_1}^2 - {V_2}^2)$$

$$= 150 \times 10^3\ [\mathrm{Pa}] + \frac{998.2\ [\mathrm{kg/m}^3]}{2} \times [(1.91\ [\mathrm{m/s}])^2 - (7.64\ [\mathrm{m/s}])^2]$$

$$= 123 \times 10^3\ [\mathrm{Pa}]$$

となる．x 方向，y 方向にはたらく力 F_x, F_y は式 (6.11), (6.12) より

$$\begin{aligned}
F_x &= \rho Q V_1 - \rho Q V_2 \cos\theta + p_1 A_1 - p_2 A_2 \cos\theta \\
&= 998.2\ [\mathrm{kg/m}^3] \times 0.06\ [\mathrm{m}^3/\mathrm{s}] \times 1.91\ [\mathrm{m/s}] \\
&\quad - 998.2\ [\mathrm{kg/m}^3] \times 0.06\ [\mathrm{m}^3/\mathrm{s}] \times 7.64\ [\mathrm{m/s}] \times \cos 45° \\
&\quad + 150 \times 10^3\ [\mathrm{Pa}] \times 0.0314\ [\mathrm{m}^2] \\
&\quad - 123 \times 10^3\ [\mathrm{Pa}] \times 0.00785\ [\mathrm{m}^2] \times \cos 45° \\
&= 3818\ [\mathrm{N}] = 3.82\ [\mathrm{kN}] \\
F_y &= -\rho Q V_2 \sin\theta - p_2 A_2 \sin\theta \\
&= -998.2\ [\mathrm{kg/m}^3] \times 0.06\ [\mathrm{m}^3/\mathrm{s}] \times 7.64\ [\mathrm{m/s}] \times \sin 45° \\
&\quad - 123 \times 10^3\ [\mathrm{Pa}] \times 0.00785\ [\mathrm{m}^2] \times \sin 45° \\
&= -1006\ [\mathrm{N}] = -1.01\ [\mathrm{kN}]
\end{aligned}$$

となる．したがって，曲がり管にはたらく力の大きさ F は，式 (6.13) より

$$F = \sqrt{{F_x}^2 + {F_y}^2} = \sqrt{(3.82\ [\mathrm{kN}])^2 + (-1.01\ [\mathrm{kN}])^2} = 3.95\ [\mathrm{kN}]$$

となる．F の方向 α は式 (6.14) より，次のように求められる．

$$\alpha = \tan^{-1} \frac{F_y}{F_x} = \tan^{-1} \frac{-1.01\ [\mathrm{kN}]}{3.82\ [\mathrm{kN}]} = -14.81° = -14.8°$$

6.7 曲板入口の流速方向を x 方向として，x-y 平面を考え，F の x, y 方向成分を F_x, F_y とする．

F_x は x 方向の運動量の法則より，次のように求められる．

$$\rho QV \cos\theta - \rho QV = -F_x$$
$$\therefore \ F_x = \rho QV(1 - \cos\theta) \tag{1}$$

F_y は y 方向の運動量の法則より，次のように求められる．

$$\rho QV \sin\theta - 0 = -F_y$$
$$\therefore \ F_y = -\rho QV \sin\theta \tag{2}$$

曲板にはたらく力の大きさ F は式 (1)，(2) を用いて，次のように求められる．

$$F = \sqrt{F_x{}^2 + F_y{}^2} = \sqrt{[\rho QV(1 - \cos\theta)]^2 + (-\rho QV \sin\theta)^2}$$
$$= \rho QV \sqrt{2(1 - \cos\theta)}$$

F の方向 α は上式 (1)，(2) を用いて，次のように求められる．

$$\alpha = \tan^{-1}\frac{F_y}{F_x} = \tan^{-1}\frac{-\rho QV \sin\theta}{\rho QV(1 - \cos\theta)} = \tan^{-1}\frac{-\sin\theta}{1 - \cos\theta}$$

▶▶ **7 章**

7.1 管内直径 $d = 20\,[\text{mm}] = 0.02\,[\text{m}]$，管内半径 $r_0 = d/2 = 0.02\,[\text{m}]/2 = 0.01\,[\text{m}]$．流量 $Q = 500\,[\text{cm}^3/\text{s}] = 500 \times 10^{-6}\,[\text{m}^3/\text{s}]$．管内断面積 $\pi r_0{}^2 = \pi \times (0.01\,[\text{m}])^2 = 3.14 \times 10^{-4}\,[\text{m}^2]$ となり，これらの数値を用いて解いていく．

(1) 平均流速 V_m は，次のように求められる．

$$V_\text{m} = \frac{Q}{\pi r_0{}^2} = \frac{500 \times 10^{-6}\,[\text{m}^3/\text{s}]}{3.14 \times 10^{-4}\,[\text{m}^2]} = 1.59\,[\text{m/s}]$$

(2) 圧力差 $p_1 - p_2$ は，式 (7.15) から次のように求められる．

$$p_1 - p_2 = \frac{32\mu l V_\text{m}}{d^2} = \frac{32 \times 88.0 \times 10^{-3}\,[\text{Pa·s}] \times 100\,[\text{m}] \times 1.59\,[\text{m/s}]}{(0.02\,[\text{m}])^2}$$
$$= 1.12 \times 10^6\,[\text{Pa}] = 1.12\,[\text{MPa}]$$

(3) 最大流速 V_max は式 (7.16) より，次のように求められる．

$$V_\text{max} = 2V_\text{m} = 2 \times 1.59\,[\text{m/s}] = 3.18\,[\text{m/s}]$$

(4) 流速 u の速度分布は式 (7.11) より，$r\,[\text{mm}]$ に対して

$$u = V_\text{max}\left[1 - \left(\frac{r}{r_0}\right)^2\right] = 3.18\,[\text{m/s}] \times \left[1 - \left(\frac{r\,[\text{mm}]}{10\,[\text{mm}]}\right)^2\right]$$

となるので，この式に半径 $r = (0, 2, 4, 6, 8, 10)\,[\text{mm}]$ の数値を入れて，流速 u の値を求めると，$u = (3.18, 3.05, 2.67, 2.04, 1.14, 0)\,[\text{m/s}]$ となる．図を描いて，流速 u の速度分布は放物線となることを確かめてみよう．

(5) 管壁に作用するせん断応力 τ_w は，式 (7.4) から，次のように求められる．

$$\tau_\text{w} = \frac{(p_1 - p_2)r_0}{2l} = \frac{1.12 \times 10^6\,[\text{Pa}] \times 0.01\,[\text{m}]}{2 \times 100\,[\text{m}]} = 56.0\,[\text{Pa}]$$

(6) せん断応力 τ の分布は式 (7.5) より，r [mm] に対して

$$\tau = \tau_w \frac{r}{r_0} = 56.0 \text{ [Pa]} \times \frac{r \text{ [mm]}}{10 \text{ [mm]}}$$

となるので，この式に半径 $r = (0, 2, 4, 6, 8, 10)$ [mm] の数値を入れて，せん断応力 τ の値を求めると，$\tau = (0, 11.2, 22.4, 33.6, 44.8, 56.0)$ [Pa] となる．図を描いて，せん断応力は，管中心では 0 で，r が大きくなるにつれて直線的に増大し，管壁で最大になることを確認してみよう．

7.2 管内径 $d = 6$ [mm] $= 0.006$ [m]，平均流速 $V_m = 30$ [cm/s] $= 0.3$ [m/s] となる．
レイノルズ数 Re は，式 (7.17) から，

$$Re = \frac{\rho V_m d}{\mu}$$
$$= \frac{998.2 \text{ [kg/m}^3\text{]} \times 0.3 \text{ [m/s]} \times 0.006 \text{ [m]}}{1.002 \times 10^{-3} \text{ [Pa·s]}} = 1793 = 1.79 \times 10^3$$

となり，臨界レイノルズ数 $Re_c = 2300$ より小さいので，流れは層流である．

7.3 管内径 $d = 8$ [mm] $= 0.008$ [m] となる．
平均流速 V_m は，式 (7.17) より，次のように求められる．

$$V_m = \frac{\mu Re}{\rho d} = \frac{1.002 \times 10^{-3} \text{ [Pa·s]} \times 1600}{998.2 \text{ [kg/m}^3\text{]} \times 0.008 \text{ [m]}} = 0.201 \text{ [m/s]}$$

7.4 動粘度の式は $\nu = \mu/\rho$ であるので，この式に数値を代入して，次のようになる．

$$\nu = \frac{\mu}{\rho} = \frac{1.002 \times 10^{-3} \text{ [Pa·s]}}{998.2 \text{ [kg/m}^3\text{]}} = 1.004 \times 10^{-6} \text{ [m}^2\text{/s]}$$

7.5 レイノルズ数が同じになればよいので，式 (7.17) より次のように求められる．

$$\frac{\rho V_{m1} d_1}{\mu} = \frac{\rho V_{m2} d_2}{\mu}$$
$$\therefore \ d_2 = \frac{V_{m1}}{V_{m2}} d_1 = \frac{4 \text{ [m/s]}}{2 \text{ [m/s]}} \times 30 \text{ [mm]} = 60 \text{ [mm]}$$

7.6 レイノルズ数 Re は，式 (7.17) と $d = 20$ [mm] $= 0.02$ [m] より，

$$Re = \frac{\rho V_m d}{\mu} = \frac{880 \text{ [kg/m}^3\text{]} \times 1.59 \text{ [m/s]} \times 0.02 \text{ [m]}}{88.0 \times 10^{-3} \text{ [Pa·s]}} = 318$$

となり，臨界レイノルズ数 $Re_c = 2300$ より小さいので，流れは層流となる．
管摩擦係数 λ は，層流の式 (7.23) より次のように求められる．

$$\lambda = \frac{64}{Re} = \frac{64}{318} = 0.201$$

損失ヘッド h_f は，式 (7.21) より次のように求められる．

$$h_f = \lambda \frac{l}{d} \frac{V_m^{\,2}}{2g} = 0.201 \times \frac{100 \text{ [m]}}{0.02 \text{ [m]}} \times \frac{(1.59 \text{ [m/s]})^2}{2 \times 9.81 \text{ [m/s}^2\text{]}}$$
$$= 0.201 \times 5000 \times 0.129 \text{ [m]} = 130 \text{ [m]}$$

測定管の出口圧力ヘッド $p_2/(\rho g)$ は，式 (7.20) の $h_f = (p_1 - p_2)/(\rho g)$ より，次のように求められる．

$$\frac{p_2}{\rho g} = \frac{p_1}{\rho g} - h_f = 139 \,[\mathrm{m}] - 130 \,[\mathrm{m}] = 9 \,[\mathrm{m}]$$

これより，速度ヘッドが $V_m{}^2/(2g) = (1.59\,[\mathrm{m/s}])^2/(2 \times 9.81\,[\mathrm{m/s^2}]) = 0.129\,[\mathrm{m}]$ であるので，管中心軸線を基準線とすると，水力学勾配線は測定管の入口圧力ヘッド $p_1/(\rho g) = 139\,[\mathrm{m}]$ から管長 $l = 100\,[\mathrm{m}]$ で $h_f = 130\,[\mathrm{m}]$ 減少する勾配で直線的に下がり，測定管の出口圧力ヘッド $p_2/(\rho g) = 9\,[\mathrm{m}]$ に達する．エネルギー線は水力学勾配線の値に速度ヘッドの $V_m{}^2/(2g) = 0.129\,[\mathrm{m}]$ を加えた値の線で表される．

7.7 管内径 $d = 20\,[\mathrm{mm}] = 0.02\,[\mathrm{m}]$，管内半径 $r_0 = d/2 = 0.02\,[\mathrm{m}]/2 = 0.01\,[\mathrm{m}]$，流量 $Q = 800\,[\mathrm{cm^3/s}] = 800 \times 10^{-6}\,[\mathrm{m^3/s}]$，管内断面積 $\pi r_0{}^2 = \pi \times (0.01\,[\mathrm{m}])^2 = 3.14 \times 10^{-4}\,[\mathrm{m^2}]$ となる．

平均流速 V_m は，次のように求められる．

$$V_m = \frac{Q}{\pi r_0{}^2} = \frac{800 \times 10^{-6}\,[\mathrm{m^3/s}]}{3.14 \times 10^{-4}\,[\mathrm{m^2}]} = 2.55\,[\mathrm{m/s}]$$

レイノルズ数 Re は，式 (7.17) より，

$$
\begin{aligned}
Re &= \frac{\rho V_m d}{\mu} \\
&= \frac{998.2\,[\mathrm{kg/m^3}] \times 2.55\,[\mathrm{m/s}] \times 0.02\,[\mathrm{m}]}{1.002 \times 10^{-3}\,[\mathrm{Pa \cdot s}]} = 50807 = 5.08 \times 10^4
\end{aligned}
$$

となり，臨界レイノルズ数 $Re_c = 2300$ より大きいので，流れは乱流となる．

管摩擦係数 λ は，なめらかな円管路であるので，適用範囲 $Re = 3 \times 10^3 \sim 10^5$ のブラジウスの式 (7.24) を用いて，次のように求められる．

$$\lambda = 0.3164 Re^{-1/4} = 0.3164 \times 50800^{-1/4} = 0.3164 \times 0.0666 = 0.0211$$

損失ヘッド h_f は，式 (7.21) より次のように求められる．

$$
\begin{aligned}
h_f &= \lambda \frac{l}{d} \frac{V_m{}^2}{2g} = 0.0211 \times \frac{100\,[\mathrm{m}]}{0.02\,[\mathrm{m}]} \times \frac{(2.55\,[\mathrm{m/s}])^2}{2 \times 9.81\,[\mathrm{m/s^2}]} \\
&= 0.0211 \times 5000 \times 0.331\,[\mathrm{m}] = 34.9\,[\mathrm{m}]
\end{aligned}
$$

測定管の出口圧力ヘッド $p_2/(\rho g)$ は，式 (7.20) の $h_f = (p_1 - p_2)/(\rho g)$ より，次のように求められる．

$$\frac{p_2}{\rho g} = \frac{p_1}{\rho g} - h_f = 40.8\,[\mathrm{m}] - 34.9\,[\mathrm{m}] = 5.9\,[\mathrm{m}]$$

これより，速度ヘッドが $V_m{}^2/(2g) = (2.55\,[\mathrm{m/s}])^2/(2 \times 9.81\,[\mathrm{m/s^2}]) = 0.331\,[\mathrm{m}]$ であるので，管中心軸線を基準線とすると，水力学勾配線は測定管の入口圧力ヘッド $p_1/(\rho g) = 40.8\,[\mathrm{m}]$ から管長 $l = 100\,[\mathrm{m}]$ で $h_f = 34.9\,[\mathrm{m}]$ 減少する勾配で直線的に下がり，測定管の出口圧力ヘッド $p_2/(\rho g) = 5.9\,[\mathrm{m}]$ に達する．エネルギー線は水力学勾配線の値に速度ヘッドの $V_m{}^2/(2g) = 0.331\,[\mathrm{m}]$ を加えた値の線で表される．

7.8 レイノルズ数 Re は，式 (7.17) より，

$$Re = \frac{\rho V_\mathrm{m} d}{\mu} = \frac{998.2\,[\mathrm{kg/m^3}] \times 3\,[\mathrm{m/s}] \times 0.075\,[\mathrm{m}]}{1.002 \times 10^{-3}\,[\mathrm{Pa \cdot s}]} = 2.24 \times 10^5$$

となり，臨界レイノルズ数 $Re_\mathrm{c} = 2300$ より大きいので，流れは乱流となる.

管壁の等価相対砂粒粗さ k/d は，管内径 $d = 0.075\,[\mathrm{m}] = 75\,[\mathrm{mm}]$，管内壁の粗さ $k = 0.15\,[\mathrm{mm}]$ に対して，図 7.17 の亜鉛引き鉄管の線図の $k = 0.15\,[\mathrm{mm}]$ を選んで，この線上における $d = 75\,[\mathrm{mm}]$ のときの k/d の値を左の数値から読みとると，$k/d = 0.002$ となる.

管摩擦係数 λ の値は，$Re = 2.24 \times 10^5$ と $k/d = 0.002$ を用いて，図 7.16 のムーディ線図から求める．図 7.16 の右側の k/d の値から $k/d = 0.002$ の線図を選んで，その線上における $Re = 2.24 \times 10^5$ のときの λ の値を左の数値から読みとると，

$$\lambda = 0.024$$

となる.

損失ヘッド h_f は，式 (7.21) より，次のように求められる.

$$h_\mathrm{f} = \lambda \frac{l}{d} \frac{V_\mathrm{m}^2}{2g} = 0.024 \times \frac{100\,[\mathrm{m}]}{0.075\,[\mathrm{m}]} \times \frac{(3\,[\mathrm{m/s}])^2}{2 \times 9.81\,[\mathrm{m/s^2}]}$$
$$= 0.024 \times 1.33 \times 10^3 \times 0.459\,[\mathrm{m}] = 14.7\,[\mathrm{m}]$$

7.9 例題 7.7 を参考にして解くことができる.

$d_1 = 200\,[\mathrm{mm}] = 0.2\,[\mathrm{m}]$，$d_2 = 400\,[\mathrm{mm}] = 0.4\,[\mathrm{m}]$，上流管の断面積 $A_1 = \pi d_1^2/4 = \pi \times (0.2\,[\mathrm{m}])^2/4 = 0.0314\,[\mathrm{m^2}]$，下流管の断面積 $A_2 = \pi d_2^2/4 = \pi \times (0.4\,[\mathrm{m}])^2/4 = 0.126\,[\mathrm{m^2}]$ から，上流管の速度ヘッドと管摩擦損失ヘッドは，次のように求められる.

$$\frac{V_\mathrm{m1}^2}{2g} = \frac{V_\mathrm{m1}^2}{2 \times 9.81\,[\mathrm{m/s^2}]} = 0.0510 V_\mathrm{m1}^2\,[\mathrm{m}]$$
$$h_\mathrm{f1} = \lambda_1 \frac{L_1}{d_1} \frac{V_\mathrm{m1}^2}{2g} = \frac{0.03 \times (40\,[\mathrm{m}]/0.2\,[\mathrm{m}])}{2 \times 9.81\,[\mathrm{m/s^2}]} V_\mathrm{m1}^2 = 0.306 V_\mathrm{m1}^2\,[\mathrm{m}]$$

下流管の速度ヘッドと管摩擦損失ヘッドは，次のように求められる.

$$\frac{V_\mathrm{m2}^2}{2g} = \frac{V_\mathrm{m2}^2}{2 \times 9.81\,[\mathrm{m/s^2}]} = 0.0510 V_\mathrm{m2}^2\,[\mathrm{m}]$$
$$h_\mathrm{f2} = \lambda_2 \frac{L_2}{d_2} \frac{V_\mathrm{m2}^2}{2g} = \frac{0.02 \times (40\,[\mathrm{m}]/0.4\,[\mathrm{m}])}{2 \times 9.81\,[\mathrm{m/s^2}]} V_\mathrm{m2}^2 = 0.102 V_\mathrm{m2}^2\,[\mathrm{m}]$$

A_1/A_2 の値は，次のように求められる.

$$\frac{A_1}{A_2} = \frac{\pi d_1^2/4}{\pi d_2^2/4} = \left(\frac{d_1}{d_2}\right)^2 = \left(\frac{200\,[\mathrm{mm}]}{400\,[\mathrm{mm}]}\right)^2 = 0.25$$

急拡大管部の損失ヘッドは，式 (7.27) より，$\xi = 1$ として次のように求められる.

$$h_\mathrm{s} = \xi\left(1 - \frac{A_1}{A_2}\right)\frac{V_\mathrm{m1}^2}{2g}$$
$$= (1 - 0.25)^2 \times \frac{V_\mathrm{m1}^2}{2 \times 9.81\,[\mathrm{m/s^2}]} = 0.0287 V_\mathrm{m1}^2\,[\mathrm{m}]$$

下流管の速度ヘッドが下流管出口における廃棄損失ヘッドになるから，廃棄損失ヘッドは次のように求められる．

$$\frac{V_{\mathrm{m2}}^2}{2g} = 0.0510 V_{\mathrm{m2}}^2 \ [\mathrm{m}]$$

両水槽の水面差 H は，図 7.20 に示されているように，全損失ヘッドに相当し，

$$H = h_{\mathrm{f1}} + h_{\mathrm{s}} + h_{\mathrm{f2}} + \frac{V_{\mathrm{m2}}^2}{2g}$$

と書けるから，上記の数値と式を代入すると，次のように求められる．

$$14 = 0.306 V_{\mathrm{m1}}^2 + 0.0287 V_{\mathrm{m1}}^2 + 0.0102 V_{\mathrm{m2}}^2 + 0.0510 V_{\mathrm{m2}}^2$$

$$\therefore \ 14 = 0.335 V_{\mathrm{m1}}^2 + 0.153 V_{\mathrm{m2}}^2$$

流量式は

$$Q = A_1 V_{\mathrm{m1}} = A_2 V_{\mathrm{m2}}$$

となり，この式と上記の $A_1/A_2 = 0.25$ から

$$V_{\mathrm{m2}} = \frac{A_1}{A_2} V_{\mathrm{m1}} = 0.25 V_{\mathrm{m1}}$$

となる．この式を上記の $14 = 0.335 V_{\mathrm{m1}}^2 + 0.153 V_{\mathrm{m2}}^2$ に代入すると，V_{m1} は次のように求められる．

$$14 = 0.335 V_{\mathrm{m1}}^2 + 0.153 \times (0.25 V_{\mathrm{m1}})^2$$

$$\therefore \ 14 = 0.345 V_{\mathrm{m1}}^2$$

$$\therefore \ V_{\mathrm{m1}} = 6.37 \ [\mathrm{m/s}]$$

V_{m2} は上記の $V_{\mathrm{m2}} = 0.25 V_{\mathrm{m1}}$ と $V_{\mathrm{m1}} = 6.37 \ [\mathrm{m/s}]$ より，次のように求められる．

$$V_{\mathrm{m2}} = 0.25 V_{\mathrm{m1}} = 0.25 \times 6.37 \ [\mathrm{m/s}] = 1.59 \ [\mathrm{m/s}]$$

流量 Q は上式の $Q = A_1 V_{\mathrm{m1}}$，$A_1 = 0.0314 \ [\mathrm{m}^2]$ および $V_{\mathrm{m1}} = 6.37 \ [\mathrm{m/s}]$ より，次のように求められる．

$$Q = A_1 V_{\mathrm{m1}} = 0.0314 \ [\mathrm{m}^2] \times 6.37 \ [\mathrm{m/s}] = 0.200 \ [\mathrm{m}^3/\mathrm{s}]$$

▶▶ **8 章**

8.1　レイノルズ数 Re_x は式 (8.4) より，$Re_x = U_\infty x/\nu \leqq Re_{\mathrm{c}}$ と書けるので，求める距離 x は，

$$x \leqq \frac{\nu Re_{\mathrm{c}}}{U_\infty} = 15.12 \times 10^{-6} \ [\mathrm{m}^2/\mathrm{s}] \times \frac{5 \times 10^5}{12 \ [\mathrm{m/s}]} = 0.630 \ [\mathrm{m}]$$

となる．よって，層流境界層の領域は前縁から 0.630 m までである．

8.2　与えられた速度分布式に $y = \delta$ を代入すると，$u = U_\infty$ になるので，式 (8.6) と (8.10) の中の h を δ に置き換えることができる．よって，境界層の排除厚さ δ^* は，$u/U_\infty = (y/\delta)^{1/7}$ と $h = \delta$ を式 (8.6) に代入すると，次のようになる．

$$\delta^* = \int_0^\delta \left(1 - \frac{u}{U_\infty}\right) \mathrm{d}y = \int_0^\delta \left[1 - \left(\frac{y}{\delta}\right)^{1/7}\right] \mathrm{d}y = \int_0^\delta \mathrm{d}y - \frac{1}{\delta^{1/7}} \int_0^\delta y^{1/7} \, \mathrm{d}y$$

$$= \delta - \delta^{-1/7} \times \frac{7}{8}\delta^{8/7} = \delta - \frac{7}{8}\delta = \frac{\delta}{8}$$

運動量厚さ Θ は，$u/U_\infty = (y/\delta)^{1/7}$ と $h = \delta$ を式 (8.10) に代入すると，次のようになる．

$$\Theta = \int_0^\delta \frac{u}{U_\infty}\left(1 - \frac{u}{U_\infty}\right) \mathrm{d}y = \int_0^\delta \left(\frac{y}{\delta}\right)^{1/7}\left[1 - \left(\frac{y}{\delta}\right)^{1/7}\right]\mathrm{d}y$$

$$= \int_0^\delta \left(\frac{y}{\delta}\right)^{1/7}\mathrm{d}y - \int_0^\delta \left(\frac{y}{\delta}\right)^{2/7}\mathrm{d}y = \frac{1}{\delta^{1/7}}\int_0^\delta y^{1/7}\,\mathrm{d}y - \frac{1}{\delta^{2/7}}\int_0^\delta y^{2/7}\,\mathrm{d}y$$

$$= \delta^{-1/7} \times \frac{7}{8}\delta^{8/7} - \delta^{-2/7} \times \frac{7}{9}\delta^{9/7} = \frac{7}{8}\delta - \frac{7}{9}\delta = \frac{7}{72}\delta$$

8.3 与えられた速度分布式に $y = \delta$ を代入すると，$u = U_\infty$ になるので，式 (8.6) と (8.10) の中の h を δ に置き換えることができる．よって，境界層の排除厚さ δ^* は，$u/U_\infty = 2(y/\delta) - (y/\delta)^2$ と $h = \delta$ を式 (8.6) に代入して，次のように計算できる．

$$\delta^* = \int_0^\delta \left\{1 - \left[2\frac{y}{\delta} - \left(\frac{y}{\delta}\right)^2\right]\right\}\mathrm{d}y = \int_0^\delta \mathrm{d}y - \frac{2}{\delta}\int_0^\delta y\,\mathrm{d}y + \frac{1}{\delta^2}\int_0^\delta y^2\,\mathrm{d}y$$

$$= \delta - \frac{2}{\delta} \times \frac{\delta^2}{2} + \frac{1}{\delta^2} \times \frac{\delta^3}{3} = \delta - \delta + \frac{\delta}{3} = \frac{\delta}{3}$$

運動量厚さ Θ は，$u/U_\infty = 2(y/\delta) - (y/\delta)^2$ と $h = \delta$ を式 (8.10) に代入して，次のように得られる．

$$\Theta = \int_0^\delta \left\{\left[2\frac{y}{\delta} - \left(\frac{y}{\delta}\right)^2\right]\left[1 - \left(2\frac{y}{\delta} - \left(\frac{y}{\delta}\right)^2\right)\right]\right\}\mathrm{d}y$$

$$= \frac{2}{\delta}\int_0^\delta y\,\mathrm{d}y - \frac{5}{\delta^2}\int_0^\delta y^2\,\mathrm{d}y + \frac{4}{\delta^3}\int_0^\delta y^3\,\mathrm{d}y - \frac{1}{\delta^4}\int_0^\delta y^4\,\mathrm{d}y$$

$$= \frac{2}{\delta} \times \frac{\delta^2}{2} - \frac{5}{\delta^2} \times \frac{\delta^3}{3} + \frac{4}{\delta^3} \times \frac{\delta^4}{4} - \frac{1}{\delta^4} \times \frac{\delta^5}{5}$$

$$= \delta - \frac{5}{3}\delta + \delta - \frac{\delta}{5} = \frac{2}{15}\delta$$

8.4 後縁における境界層厚さ δ は次のように計算できる．

$$\delta = 5.0\sqrt{\frac{\nu x}{U_\infty}} = 5.0\sqrt{\frac{15.12 \times 10^{-6}\,[\mathrm{m^2/s}] \times 1.6\,[\mathrm{m}]}{2\,[\mathrm{m/s}]}}$$

$$= 17.39 \times 10^{-3}\,[\mathrm{m}] = 17.4\,[\mathrm{mm}]$$

後縁における排除厚さ δ^* は次のように計算できる．

$$\delta^* = 0.344\delta = 0.344 \times 17.39 \times 10^{-3}\,[\mathrm{m}] = 5.982 \times 10^{-3}\,[\mathrm{m}] = 5.98\,[\mathrm{mm}]$$

後縁における運動量厚さ Θ は次のように計算できる．

$$\Theta = 0.1328\delta = 0.1328 \times 17.39 \times 10^{-3}\,[\mathrm{m}] = 2.309 \times 10^{-3}\,[\mathrm{m}] = 2.31\,[\mathrm{mm}]$$

8.5 境界層厚さ δ は次のように計算できる．

$$\delta = 5.0\sqrt{\frac{\nu x}{U_\infty}}$$

$$= 5.0\sqrt{\frac{15.12 \times 10^{-6}\,[\mathrm{m^2/s}] \times x}{2\,[\mathrm{m/s}]}} = 5.0\sqrt{\frac{15.12 \times 10^{-6}\,[\mathrm{m^2/s}]}{2\,[\mathrm{m/s}]}} \times \sqrt{x}$$

$$= 13.75 \times 10^{-3} \times \sqrt{x} \ [\mathrm{m}]$$

排除厚さ δ^* は次のように計算できる.

$$\delta^* = 0.344\delta = 0.344 \times 13.75 \times 10^{-3} \times \sqrt{x} = 4.730 \times 10^{-3} \times \sqrt{x} \ [\mathrm{m}]$$

運動量厚さ Θ は次のように計算できる.

$$\Theta = 0.1328\delta = 0.1328 \times 13.75 \times 10^{-3} \times \sqrt{x} = 1.826 \times 10^{-3} \times \sqrt{x} \ [\mathrm{m}]$$

▶▶ 9 章

9.1 後縁における境界層厚さ δ は,次のように求められる.

$$\delta = 5.0\sqrt{\frac{\nu x}{U_\infty}} = 5.0\sqrt{\frac{15.12 \times 10^{-6} \ [\mathrm{m^2/s}] \times 1.6 \ [\mathrm{m}]}{2 \ [\mathrm{m/s}]}}$$
$$= 17.4 \times 10^{-3} \ [\mathrm{m}] = 17.4 \ [\mathrm{mm}]$$

後縁における運動量厚さ Θ は,次のように求められる.

$$\Theta = 0.1328\delta = 0.1328 \times 17.4 \times 10^{-3} \ [\mathrm{m}] = 2.31 \times 10^{-3} \ [\mathrm{m}] = 2.31 \ [\mathrm{mm}]$$

平板の両面に作用する単位幅あたりの摩擦抗力 D_f は,式 (9.12) より,

$$D_\mathrm{f} = 2\rho U_\infty{}^2 \Theta = 2 \times 1.205 \ [\mathrm{kg/m^3}] \times (2 \ [\mathrm{m/s}])^2 \times 2.31 \times 10^{-3} \ [\mathrm{m}] = 0.0223 \ [\mathrm{N/m}]$$

となり,幅 $b = 3 \ [\mathrm{m}]$ をかけて,平板の両面に作用する摩擦抗力 D_f の値を求めると,

$$D_\mathrm{f} = 2\rho U_\infty{}^2 \Theta b = 0.0223 \ [\mathrm{N/m}] \times 3 \ [\mathrm{m}] = 0.0669 \ [\mathrm{N}]$$

となる.

9.2 直径 $d = 1 \ [\mathrm{mm}] = 1 \times 10^{-3} \ [\mathrm{m}]$,基準面積 $S = d \times l = 1 \times 10^{-3} \ [\mathrm{m}] \times 1 \ [\mathrm{m}] = 1 \times 10^{-3} \ [\mathrm{m^2}]$,$l/d = 1 \ [\mathrm{m}]/(1 \times 10^{-3} \ [\mathrm{m}]) = 1000 > 100$ であるので,図 9.6 が使用できる.

レイノルズ数は

$$Re = \frac{U_\infty d}{\nu} = \frac{10 \ [\mathrm{m/s}] \times 1 \times 10^{-3} \ [\mathrm{m}]}{1.004 \times 10^{-6} \ [\mathrm{m^2/s}]} = 9.96 \times 10^3$$

であるので,図 9.6 から,$Re = 9.96 \times 10^3$ に対応する抗力係数は $C_D = 1.2$ となる.

したがって,式 (9.9) より,抗力 D は次のように求められる.

$$D = C_D S \frac{\rho U_\infty{}^2}{2}$$
$$= 1.2 \times 1 \times 10^{-3} \ [\mathrm{m^2}] \times \frac{998.2 \ [\mathrm{kg/m^3}] \times (10 \ [\mathrm{m/s}])^2}{2} = 59.9 \ [\mathrm{N}]$$

9.3 直径 $d = 20 \ [\mathrm{mm}] = 20 \times 10^{-3} \ [\mathrm{m}]$,基準面積 $S = \pi d^2/4 = \pi \times (20 \times 10^{-3} \ [\mathrm{m}])^2/4 = 3.142 \times 10^{-4} \ [\mathrm{m^2}] = 3.14 \times 10^{-4} \ [\mathrm{m^2}]$ となる.

レイノルズ数は

$$Re = \frac{U_\infty d}{\nu} = \frac{50 \ [\mathrm{m/s}] \times 20 \times 10^{-3} \ [\mathrm{m}]}{15.12 \times 10^{-6} \ [\mathrm{m^2/s}]} = 6.61 \times 10^4$$

であるので,図 9.10 から,$Re = 6.61 \times 10^4$ に対応する抗力係数は $C_D = 0.50$ となる.

したがって，式 (9.9) より，抗力 D は次のように求められる．

$$D = C_D S \frac{\rho U_\infty^2}{2}$$
$$= 0.50 \times 3.142 \times 10^{-4} \ [\text{m}^2] \times \frac{1.205 \ [\text{kg/m}^3] \times (50 \ [\text{m/s}])^2}{2} = 0.237 \ [\text{N}]$$

9.4 時速 200 km は $U_\infty = 200 \times 10^3 \ [\text{m}]/3600 \ [\text{s}] = 55.56 \ [\text{m/s}]$ となる．
レイノルズ数は次のようになる．

$$Re = \frac{U_\infty d}{\nu} = \frac{55.56 \ [\text{m/s}] \times 42 \times 10^{-3} \ [\text{m}]}{15.12 \times 10^{-6} \ [\text{m}^2/\text{s}]} = 1.54 \times 10^5$$

このレイノルズ数は，ディンプルのあるゴルフボールの臨界レイノルズ数の $Re_c \fallingdotseq (4\sim6) \times 10^4$ より大きいので，ゴルフボールの表面に生成される境界層は乱流境界層となる．したがって，ゴルフボールの場合，乱流境界層のはく離が生じ，抗力係数は図 9.10 より $C_D \fallingdotseq 0.2$ と推定できる．他方，レイノルズ数が $Re = 1.54 \times 10^5$ のとき，同じ直径のなめらかな球の場合，図 9.10 から層流境界層のはく離となり，抗力係数は $C_D \fallingdotseq 0.5$ となる．したがって，ディンプルのあるゴルフボールの抗力係数 $C_D \fallingdotseq 0.2$ と同じ直径のなめらかな球の抗力係数 $C_D \fallingdotseq 0.5$ を比較すれば，ディンプルのあるゴルフボールの抗力は，同じ直径のなめらかな球に比べて，抗力が半分以下になっているのである．

9.5 最初に，運動量厚さ Θ に基づく摩擦抗力 D_f を求めよう．
運動量厚さ Θ は，$u/U_\infty = 2(y/\delta) - (y/\delta)^2$ と $h = \delta$ を式 (8.10) に代入して，

$$\Theta = \int_0^\delta \left[2\frac{y}{\delta} - \left(\frac{y}{\delta}\right)^2 \right] \left[1 - 2\frac{y}{\delta} + \left(\frac{y}{\delta}\right)^2 \right] \mathrm{d}y$$
$$= \frac{2}{\delta} \int_0^\delta y \, \mathrm{d}y - \frac{5}{\delta^2} \int_0^\delta y^2 \, \mathrm{d}y + \frac{4}{\delta^3} \int_0^\delta y^3 \, \mathrm{d}y - \frac{1}{\delta^4} \int_0^\delta y^4 \, \mathrm{d}y$$
$$= \frac{2}{\delta} \times \frac{\delta^2}{2} - \frac{5}{\delta^2} \times \frac{\delta^3}{3} + \frac{4}{\delta^3} \times \frac{\delta^4}{4} - \frac{1}{\delta^4} \times \frac{\delta^5}{5} = \delta - \frac{5}{3}\delta + \delta - \frac{1}{5}\delta = \frac{2}{15}\delta$$

となる．この式に与えられた境界層厚さの式を代入して，$x = l$ とおけば，

$$\Theta = \frac{2}{15}\delta = \frac{2}{15}\sqrt{30} \times \sqrt{\frac{\nu l}{U_\infty}} = \frac{4}{\sqrt{30}}\sqrt{\frac{\nu l}{U_\infty}}$$

となる．この式と $\nu = \mu/\rho$ を用いて，Θ に基づく摩擦抗力 D_f を求めると，次のようになる．

$$D_\text{f} = 2\rho U_\infty^2 \Theta = 2\rho U_\infty^2 \frac{4}{\sqrt{30}}\sqrt{\frac{\nu l}{U_\infty}} = 2\rho U_\infty^2 \frac{4}{\sqrt{30}}\sqrt{\frac{(\mu/\rho)l}{U_\infty}}$$
$$= \frac{8}{\sqrt{30}}\sqrt{\rho\mu U_\infty^3 l} \tag{1}$$

次に，τ_w に基づく摩擦抗力 D_f を求めよう．
壁面せん断応力は，式 (1.8) から $\tau_\text{w} = \mu|\mathrm{d}u/\mathrm{d}y|_{y=0}$ となる．速度分布式を用いて壁面上の速度勾配を求めると，次のようになる．

$$\left|\frac{\mathrm{d}u}{\mathrm{d}y}\right|_{y=0} = \frac{2U_\infty}{\delta}$$

この式と与えられた境界層厚さの式を用いて，壁面せん断応力 τ_w を求めると，次のようになる．

$$\tau_\mathrm{w} = \mu \left| \frac{\mathrm{d}u}{\mathrm{d}y} \right|_{y=0} = \frac{2\mu U_\infty}{\delta} = \frac{2\mu U_\infty}{\sqrt{30} \times \sqrt{\nu x/U_\infty}} = \frac{2}{\sqrt{30}} \sqrt{\frac{\rho\mu U_\infty{}^3}{x}}$$

この式を用いて，τ_w に基づく摩擦抗力 D_f を求めると，次のようになる．

$$D_\mathrm{f} = 2\int_0^l \tau_\mathrm{w}\,\mathrm{d}x = 2\frac{2}{\sqrt{30}} \sqrt{\rho\mu U_\infty{}^3} \int_0^l \sqrt{\frac{1}{x}}\,\mathrm{d}x = 2\frac{2}{\sqrt{30}} \sqrt{\rho\mu U_\infty{}^3} \times 2\sqrt{l}$$

$$= \frac{8}{\sqrt{30}} \sqrt{\rho\mu U_\infty{}^3 l} \tag{2}$$

したがって，式 (1) と式 (2) は一致しているので，式 (9.14) のように $D_\mathrm{f} = 2\rho U_\infty{}^2 \Theta = 2\int_0^l \tau_\mathrm{w}\,\mathrm{d}x$ と表示できる．この結果から，境界層の速度分布式と境界層厚さの式がわかれば，上記の手順で Θ，τ_w，D_f の値が算出できることがわかる．

9.6 圧力分布 p はベルヌーイの定理の式 (4.7) より，

$$\frac{U_\infty{}^2}{2g} + \frac{p_\infty}{\rho g} = \frac{V_\theta{}^2}{2g} + \frac{p}{\rho g}$$

$$\therefore\ p = p_\infty + \frac{\rho}{2}(U_\infty{}^2 - V_\theta{}^2) \tag{1}$$

となる．$V_\theta = 2U_\infty \sin\theta + \Gamma/(2\pi a)$ を式 (1) に代入すると，次式が得られる．

$$p = p_\infty + \frac{\rho}{2}\left[U_\infty{}^2 - \left(2U_\infty \sin\theta + \frac{\Gamma}{2\pi a}\right)^2\right]$$

$$= p_\infty + \frac{\rho U_\infty{}^2}{2}(1 - 4\sin^2\theta) - \frac{\rho U_\infty \Gamma}{\pi a}\sin\theta - \frac{\rho \Gamma^2}{8\pi^2 a^2} \tag{2}$$

式 (2) を式 (9.6) へ代入すると，$\mathrm{d}A = 1 \times a\,\mathrm{d}\theta = a\,\mathrm{d}\theta$ から揚力 L は次のようになる．

$$L = -\int_A p \sin\theta\,\mathrm{d}A = -\int_0^{2\pi} p \sin\theta a\,\mathrm{d}\theta = -a\int_0^{2\pi} p \sin\theta\,\mathrm{d}\theta$$

$$= -a\int_0^{2\pi}\left[p_\infty + \frac{\rho U_\infty{}^2}{2}(1 - 4\sin^2\theta) - \frac{\rho U_\infty \Gamma}{\pi a}\sin\theta - \frac{\rho \Gamma^2}{8\pi^2 a^2}\right]\sin\theta\,\mathrm{d}\theta$$

$$= -a\left(p_\infty \int_0^{2\pi}\sin\theta\,\mathrm{d}\theta + \frac{\rho U_\infty{}^2}{2}\int_0^{2\pi}\sin\theta\,\mathrm{d}\theta\right.$$

$$\left. - 2\rho U_\infty{}^2 \int_0^{2\pi}\sin^3\theta\,\mathrm{d}\theta - \frac{\rho U_\infty \Gamma}{\pi a}\int_0^{2\pi}\sin^2\theta\,\mathrm{d}\theta - \frac{\rho \Gamma^2}{8\pi^2 a^2}\int_0^{2\pi}\sin\theta\,\mathrm{d}\theta\right) \tag{3}$$

ここで，$\displaystyle\int_0^{2\pi}\sin\theta\,\mathrm{d}\theta = 0$，$\displaystyle\int_0^{2\pi}\sin^2\theta\,\mathrm{d}\theta = \pi$，$\displaystyle\int_0^{2\pi}\sin^3\theta\,\mathrm{d}\theta = 0$ であるから，これらを式 (3) に代入すると，揚力 L は次のように求められる．

$$L = -a\left(0 + 0 - 0 - \frac{\rho U_\infty \Gamma}{\pi a}\pi - 0\right) = \rho U_\infty \Gamma$$

この現象は図 9.15(e) に相当する．

参考文献

[1] 市川常雄, 機械工学基礎講座 6・改訂新版・水力学・流体力学, 朝倉書店, 2005.

[2] 富田幸雄, 水力学—流れ現象の基礎と構造—, 実教出版, 2006.

[3] 中林功一・伊藤基之・鬼頭修己, 機械系大学講義シリーズ 13・流体力学の基礎 (1), コロナ社, 2007.

[4] 中林功一・伊藤基之・鬼頭修己, 機械系大学講義シリーズ 14・流体力学の基礎 (2), コロナ社, 2005.

[5] 中山泰喜, 改訂版・流体の力学, 養賢堂, 2008.

[6] 古屋善正・村上光清・山田豊, 改訂新版流体工学, 朝倉書店, 1982.

[7] 松永成徳・富田侑嗣・西道弘・塚本寛, 流れ学—基礎と応用—, 朝倉書店, 2006.

[8] 宮井善弘・木田輝彦・仲谷仁志, 水力学, 森北出版, 2008.

[9] 日本機械学会編, 機械工学便覧・基礎編 A5 流体工学, 日本機械学会, 1997.

[10] 日本機械学会編, 写真集・流れ, 丸善, 1984.

索引

▶英　字

SI　　1
U字管マノメータ　　13

▶あ　行

圧力　　3
圧力抗力　　112
圧力抗力係数　　112
圧力損失　　81
圧力の中心　　19
圧力ヘッド　　39
アルキメデスの原理　　16
位置ヘッド　　39
ウエーバ数　　32
渦糸　　124
運動学的相似　　31
運動量　　57
運動量厚さ　　102
運動量の法則　　57
液柱圧力計　　12
エネルギー線　　79
エルボ　　93
オイラーの運動方程式　　38
オイラーの方法　　27
オリフィス　　49

▶か　行

外部流れ　　30
滑面　　81, 82
壁の粗滑に対する遷移域　　83
カルマン渦列　　117
慣性力　　31
完全に粗い領域　　83
完全発達域　　78
管摩擦係数　　81
幾何学的相似　　30
基準面積　　112
基本単位　　1

急拡大管　　88

急縮小管　　91
境界層　　96
境界層厚さ　　97
境界層外の流れ　　96
境界層のはく離　　118
境界層理論　　96
凝集力　　6
曲面壁　　22
キログラム　　1
クエット流れ　　5
クッタ－ジューコフスキーの定理　　127
クッタの条件　　129
組立単位　　1
ゲージ圧　　9
検査体積　　58
検査面　　59
後方よどみ点　　115
後流　　115
抗力　　110, 112
抗力係数　　112
高レイノルズ数流れ　　96
国際単位系　　1

▶さ　行

示差圧力計　　14
死水域　　115
絞り直径比　　52
収縮係数　　50
縮流　　50
出発渦　　127
循環　　126
助走区間　　78
垂直応力　　4
水力学的になめらかな領域　　83
水力勾配線　　79

絶対圧　　9

全圧　　49
全圧力　　18
せん断応力　　4
全ヘッド　　39
前方よどみ点　　115
層流　　74
層流クエット流れ　　5
層流・乱流遷移　　75
速度係数　　50
速度勾配　　5
速度ヘッド　　39
束縛渦　　126
粗面　　81, 82
損失係数　　87
損失ヘッド　　75, 79, 81

▶た　行

ダランベールの背理　　116
ダルシー－ワイスバッハの式　　81
着力点　　19
停止渦　　129
定常流　　27
ディフューザ　　91
動圧　　49
等角写像　　126
等価相対砂粒粗さ　　85
トリチェリの定理　　45

▶な　行

内部流れ　　30
二次元翼　　123
ニュートンの粘性法則　　6
ニュートン流体　　6
粘性底層　　82
粘性力　　31
粘度　　4

ノズル　49

▶は　行

廃棄損失　87
排除厚さ　101
はく離　87, 105
ハーゲン－ポアズイユ流れ
　71
ハーゲン－ポアズイユの式
　70
パスカル　9
パスカルの原理　10
ピエゾメータ　12
比重　3
非定常流　27
ピトー管　48
ピトー管係数　49
非ニュートン流体　6
非粘性流体　35
表面張力　6
付着力　6

浮力　16
フルード数　32
平面壁　17
ベルヌーイの定理　39
ベンチュリ管　53
ベンド　92
ポテンシャル流れ　96, 115

▶ま　行

マグナス効果　127
摩擦抗力　112
摩擦抗力係数　112
マッハ数　32
密度　3
ムーディ線図　85
メートル　1
毛管現象　6

▶や　行

揚力　110, 112
揚力係数　112

翼背面　123
翼腹面　123
翼理論　126

▶ら　行

乱流　74
乱流バルジ　99
力学的相似　31
力積　58
理想流体　115
理想流体の流れ　35, 95
流管　28
流跡線　28
流線　27
流脈線　28
流量　35
流量係数　51
臨界レイノルズ数　76
レイノルズ数　31, 33, 76
連続の式　36

著者略歴

中林　功一（なかばやし・こういち）
1961 年　名古屋工業大学工学部機械工学科卒業
1961〜1962 年　トヨタ自動車工業株式会社（現 トヨタ自動車株式会社）勤務
1964 年　大阪大学大学院工学研究科修士課程機械工学専攻修了
1967 年　名古屋工業大学講師
1970 年　工学博士（名古屋大学）
1970 年　名古屋工業大学助教授
1980 年　名古屋工業大学教授
2002 年　名古屋工業大学名誉教授
2002 年　愛知工科大学教授
2009 年　愛知工科大学名誉教授
　　　　　現在に至る

山口　健二（やまぐち・けんじ）
1966 年　静岡大学工学部機械工学科卒業
1968 年　静岡大学大学院工学研究科修士課程機械工学専攻修了
1970 年　豊田工業高等専門学校講師
1974 年　豊田工業高等専門学校助教授
1975 年　工学博士（名古屋大学）
1984 年　豊田工業高等専門学校教授
2007 年　豊田工業高等専門学校名誉教授
2007 年　豊田工業高等専門学校嘱託教授
2009〜2011 年　豊田工業高等専門学校特命教授
　　　　　現在に至る

図解による わかりやすい流体力学（第 2 版）

2010 年 3 月 31 日　第 1 版第 1 刷発行
2022 年 3 月 10 日　第 1 版第 10 刷発行
2022 年 10 月 31 日　第 2 版第 1 刷発行
2024 年 2 月 19 日　第 2 版第 2 刷発行

著者　　　中林功一・山口健二

編集担当　大野裕司・村上　岳（森北出版）
編集責任　富井　晃（森北出版）
組版　　　ブレイン
印刷　　　丸井工文社
製本　　　同

発行者　　森北博巳
発行所　　森北出版株式会社
　　　　　〒102-0071　東京都千代田区富士見 1-4-11
　　　　　03-3265-8342（営業・宣伝マネジメント部）
　　　　　https://www.morikita.co.jp/